山东社会科学院　主办　　·2016年创刊·

中国海洋经济

主编　孙吉亭

MARINE ECONOMY IN CHINA

NO.2, VOL. V, 2020

第10辑

社会科学文献出版社
SOCIAL SCIENCES ACADEMIC PRESS (CHINA)

学术委员

Academic Committee

编　委　会

Editorial Committee

编　辑　部

Editorial Department

历心于山海而国家富

——主编的话

海洋是生命的摇篮、资源的宝库，也是人类赖以生存的“第二疆土”和“蓝色粮仓”。中国自古便有“舟楫为舆马，巨海化夷庚”的海洋战略和“观于海者难为水，游于圣人之门者难为言”的海洋意识，中国海洋事业的发展也跨越时空长河和历史积淀而逐步走向成熟、健康、可持续的新里程。从山东半岛蓝色经济区发展战略的确立到“一带一路”重大倡议的推动，海洋经济增长日新月著。一方面，随着国家海洋战略的不断深入，高等院校、科研院所以及政府、企业对海洋经济的学术研究呈现破竹之势，急需更多的学术交流平台和研究成果传播渠道；另一方面，国际海洋竞争的日趋激烈，给海洋资源与环境带来沉重的压力与负担，亟须我们剖析海洋发展理念、发展模式、科学认知和科学手段等方面的深层问题。《中国海洋经济》的创刊恰逢其时，不可阙如。

当我们一起认识中国海洋与海洋发展，了解先辈对海洋的追求和信仰，体会中国海洋事业的艰辛与成就，我们会看到灿烂的海洋遗产和资源，看到巨大的海洋时代价值，看到国家建设“海洋强国”的美好愿景和行动。我们要树立“蓝色国土意识”，建立陆海统筹、和谐发展的现代海洋产业体系，要深析明辨，慎思笃行，认真审视和总结这一路走来的发展规律和启示，进而形成对自身、民族、国家、海洋及其发展的认同感、自豪感和责任感。这是《中国海洋经济》栏目设置、选题策划以及内容审编所遵循的根本原则和目标，也是其所秉承的“海纳百川、厚德载物”理念的体现。

我们将紧跟时代步伐，倾听大千声音，融汇方家名作，不懈追求国际性与区域性问题兼顾、宏观与微观视角集聚、理论与经验实证并行的方向，着力揭示中国海洋经济的发展趋势和规律，阐述新产业、新技术、新模式和新业态。无论是作为专家学者和政策制定者的思想阵地，还是作为海洋经济学术前沿的展示平台，我们都希望《中国海洋经济》能让观点汇集、让知识传播、让思想升华。我们更希望《中国海洋经济》能让对学术研究持有严谨敬重之意、对海洋事业葆有热爱关注之心、对国家发展怀有青云壮志之情的人，自信而又团结地共寻海洋经济健康发展之路，共建海洋生态文明，共绘“富饶海洋”“和谐海洋”“美丽海洋”的壮丽蓝图。

孙吉亭

寄语2020

2020年，我国将全面建成小康社会，实现第一个百年奋斗目标，海洋经济也将进入高质量发展的重要时期。

海洋是全球各大陆相连接的天然通道，是互联互通、外向开放的天然纽带，是人类社会共同发展与繁荣的源头。“海洋命运共同体”代表着中国的世界观和海洋观，成为中国海洋强国建设的指南针。

“君不见黄河之水天上来，奔流到海不复回。”黄河奔腾而下，带来高原黄沙，沉积出平原，灌溉起沃野，哺育出在中国大江大河中面积最广袤、生态性状最典型、保护意义最重大的河口三角洲——黄河三角洲。黄河三角洲是世界上最典型的河口湿地生态系统。在这里，立于黄土，手掬海水，黄蓝交汇，河海相拥。黄河流域生态保护和高质量发展这一国家战略，已成为黄河治理、保护和发展的新起点，将带动整个黄河流域的生态保护及渤海湾的综合治理，对于展示大河文明和河口文化、建设全国生态文明和保护世界生物多样性具有重要支撑作用和长远战略影响，也为海洋强国建设注入了强大的力量。

我们一定要牢牢抓住这一重大历史机遇，肩负起历史赋予我们的重任，进一步做好海洋资源的科学化、节约化和集约化利用，将海洋资源开发与生态保护纳入法治的轨道，强化综合管理，做到有法必依、违法必究。同时，严格实施生态补偿制度，做好受损区域的生态修复工作，促进海洋经济的蓝色增长和绿色发展。坚持陆海统筹发展的思路，通过科技创新突破关键技术，开发有竞争力的优势产品，避免同质化竞争，建立完善的现代海洋产业体系，引领海洋经济高质量发展，把黄河三角洲打造成黄河流域生态保护和高质量发展的先行区和标志区。加强区域海洋合作，参与全球海洋治理，倡议世界各国秉持相同理念，维护海洋和平与稳定，建立开放包容、和谐共处、具体务实、互利共赢的蓝色伙伴关系。

孙吉亭

2020 年 4 月

目　录

（第10辑）

海洋产业经济

中国海水贝类养殖生产阶段判别与现实应对
……………………卢　昆　孙　娟　Pierre Failler　慕永通 / 001
海洋产业转型升级的研究进展与未来方向
……………………………………纪建悦　唐若梅　许　瑶 / 019
中国远洋渔业发展与国民收入增长的实证分析
…………………………………………………陈　晔　蔡耀铃 / 041
中国海洋渔业发展对产业结构演进的影响效应研究
——来自PVAR、IRF和FEVD的实证检验
…………………………………………王　波　张红智 / 054

海洋区域经济

气候变化背景下沿海城市脆弱-协调性时空演化趋势分析
——以山东沿海地区为例　………………赵领娣　隋晓童 / 077
山东省海洋经济创新发展研究　………………………梁永贤 / 096
浙江省海洋经济高质量发展研究　…………贺义雄　赵　薇 / 113

世界主要海洋国家海洋经济发展态势及对中国海洋经济发展的思考 ………………………………………… 周乐萍 / 128

海洋生态环境与管理

海洋生态产品价值实现的内涵与机制研究 ………… 魏学文 / 151
海洋经济转型升级视角下的海洋灾害风险等级评估体系建设研究 ………………………………………… 卓向丹 / 167

《中国海洋经济》征稿启事 ……………………………… / 183

CONTENTS

(No.10)

Marine Industrial Economy

Study on the Production Stage and Development Strategy of Marine Shellfish Culture in China
Lu Kun, Sun Juan, Pierre Failler, Mu Yongtong / 001

Research Progress and Future Direction on Transformation and Upgrading of Marine Industry *Ji Jianyue, Tang Ruomei, Xu Yao* / 019

An Empirical Analysis of the Development of China's Deep Sea Fishing Industry and National Income Growth *Chen Ye, Cai Yaoling* / 041

Research on the Effect of Marine Fishery Development on the Evolution of Industrial Structure in China—Empirical Testing from PVAR, IRF and FEVD *Wang Bo, Zhang Hongzhi* / 054

Marine Regional Economy

Analysis of Vulnerability-Coordination Spatial-Temporal Evolution Trend of Coastal Cities under the Background of Climate Change —Take the Coastal Areas in Shandong as an Example
Zhao Lingdi, Sui Xiaotong / 077

Study on the Innovation and Development of Marine Economy in Shandong Province *Liang Yongxian* / 096

Research on the High-Quality Development of Marine Economy in Zhejiang Province *He Yixiong, Zhao Wei* / 113

The Development Trend of Marine Economy in the World's Major Marine Countries and Reflections on the Development of China's Marine Economy *Zhou Leping* / 128

Marine Ecology Environment and Management

Research on the Connotation and Mechanism of Marine Ecological Products Value Realization *Wei Xuewen* / 151

Study on the Construction of Marine Disaster Risk Rating System from the Perspective of Marine Economic Transformation and Upgrading *Zhuo Xiangdan* / 167

***Marine Economy in China* Notices Inviting Contributions** / 183

中国海水贝类养殖生产阶段判别与现实应对*

卢　昆　孙　娟　Pierre Failler　慕永通**

摘　要　目前，海水贝类在中国海水养殖业中占据主导地位。中国海水贝类养殖在实现产量持续增加、育种技术不断完善、产区分布基本稳定、品种结构日趋丰富的同时，养殖面积缩小态势日趋明显。中国海水贝类养殖业发展整体处于规模报酬递减阶段。着眼于海水贝类养殖业的高质量发展，针对中国海水贝类养殖实践中存在的优质苗种较少、养殖方式普遍粗放、精深加工程度较低、流通体系保障乏力、区域品牌建设薄弱、电

* 本文为国家现代农业产业技术体系建设贝类产业经济子项目（项目编号：CARS－49）、山东省自然科学基金面上项目（项目编号：ZR2019MG003）、山东省现代农业产业技术体系刺参产业创新团队项目（项目岗位编码：SDAIT－22－09）、中国国家留学基金（项目编号：CSC NO. 201906335016）和中国海洋大学管理学院青年英才支持计划的中间成果。

** 卢昆（1979～），男，博士，水产学博士后，中国海洋大学管理学院教授，英国朴茨茅斯大学蓝色治理中心高级研究员，主要研究领域为海洋经济与农业经济；孙娟（1996～），女，中国海洋大学2019级农业经济管理专业硕士研究生，主要研究领域为渔业经济管理；Pierre Failler（1965～），男，英国朴茨茅斯大学蓝色治理中心教授，博士研究生导师，主要研究领域为蓝色经济治理；慕永通（1962～），男，中国海洋大学水产学院教授，国家贝类产业技术体系产业经济岗位科学家，通讯作者，主要研究领域为渔业经济学。

商经营发展缓慢等突出问题，本文系统地提出了提升苗种繁育质量、加强养殖技能培训、推进海水贝类精深加工、提升冷链物流水平、支持区域品牌建设、加大电商经营扶持力度等应对策略。

关键词　海水贝类　海水贝类养殖　海水贝类养殖生产阶段　海水贝类养殖生产函数　冷链物流

21 世纪以来，随着国民经济的快速发展和居民收入水平的不断提升，人们对海产贝类产品的消费需求日益增加，由此带动了中国海水贝类养殖业的快速发展。从《中国渔业统计年鉴》数据来看，中国最早的海水养殖数据记录始于 1983 年，该年海水贝类养殖产量占全国海水养殖总产量的比重已达到 51.88%，该占比数值自 1993 年至今始终高于 70%，海水贝类养殖业也毫无疑问地成为中国海水养殖业的重要支柱产业。随着近年来人们生态环保意识的增强，海水贝类的碳汇价值得到广泛的认同。实践中，海水贝类被称为最具潜力的“海洋过滤器”，其以贝壳为载体，通过正常的滤食浮游植物、颗粒有机物等过程，能够将海水中的碳元素移出并形成生物碳汇，表现出较强的碳汇功能，海水贝类养殖也因此成为当前沿海地区海洋牧场建设的重要组成内容。在海水贝类养殖业快速发展的同时，其在生产、加工、流通和销售环节也暴露出一系列问题，严重制约着海水贝类养殖业的高质量发展。鉴于此，本文在对海水贝类养殖业投入、产出特征进行描述性统计分析的基础上，尝试构建海水贝类养殖生产函数，并根据实证结果审慎识别目前中国海水贝类养殖业整体所处的发展阶段，进而针对中国海水贝类养殖业在育苗、养殖、加工、流通和销售等环节存在的诸多问题，系统地提出“十四五”规划期间促进中国海水贝类养殖业高质量发展的策略选择。

一　中国海水贝类养殖业的总体特征

（一）产出总量持续增加

中国是世界海水养殖大国，海水贝类养殖产量占全国海水养殖产量的比重长期以来超过50%。从《中国渔业统计年鉴》中最早的海水贝类养殖统计数据来看，1983 年的海水贝类养殖产量（28.28 万吨）占同年海水养殖产量的比重已高达 51.88%（见图 1）。整体而言，1984～1996 年，随着农村商品生产的发展和农业产业结构的调整，渔业养殖专业从业人员数量迅速增加，海水养殖产量尤其是贝类养殖产量进入了快速增长阶段，除 1990 年受国民经济环境和市场波动的负面影响海水贝类养殖产量增速减缓以外，其余各年海水贝类养殖产量同比增长率均高于 10%，至 1996 年海水贝类养殖产量已达 640.66 万吨，年均增长率约为 27.13%。1997～2005 年，海水贝类养殖产量处于稳步增长阶段，最高年度同比增长量达到 93.23 万吨（1999 年），最低年度同比增长量仅为 10.44 万吨（1997 年）。2006 年，国家统计局对海水贝类养殖产量数据进行了调整。① 此后，

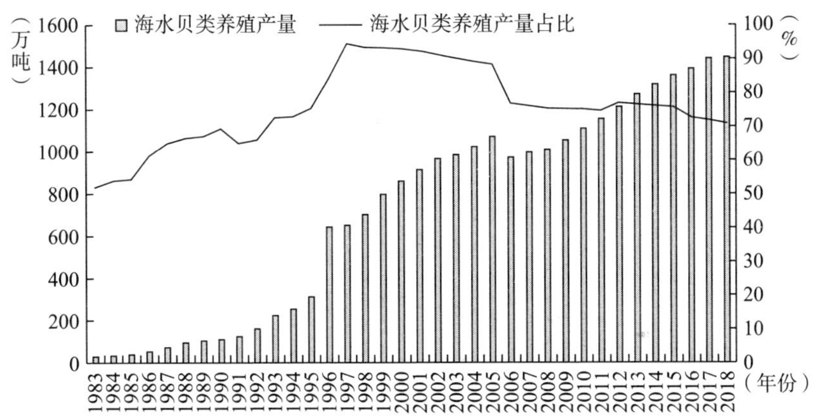

图 1　1983～2018 年中国海水贝类养殖产量及其占比变化趋势

---

① 第二次全国农业普查结束后，按照国家统计局要求，原农业部对 2006 年的渔业统计数据进行了调整，也对海水贝类养殖数据进行了相应调整。

在政府的政策扶持下，全国水产健康养殖全面推进，海水贝类养殖产量也保持稳定的增长态势，从 2007 年的 993.84 万吨增至 2017 年的 1437.13 万吨，年均增长率约为 3.76%。2018 年，中国海水贝类养殖产量增速放缓，全年同比增长仅为 6.8 万吨。

（二）养殖规模稳定扩张

统计数据显示，1983～2018 年，中国海水养殖面积增加了 185.64 万公顷，其中，仅海水贝类养殖就贡献了 113.91 万公顷（见图 2）。海水贝类养殖面积是中国海水养殖面积最主要的组成部分。目前，贝类养殖区域在中国渤海、黄海、东海、南海四大海域均有分布。① 从历史上看，中国的海水贝类规模化养殖始于 20 世纪 80 年代。随着实践的推进，海水贝类养殖方式已从最初的滩涂养殖发展成池塘养殖、浅海养殖以及工厂化养殖；而且海水贝类养殖技术日趋成熟，养殖面积也大幅增加——具体从 1983 年的 10.20 万公顷增至 2010 年的 130.80 万公顷，年均增长率约为 9.91%。与此同时，浅海筏式吊笼、吊绳养殖以及网箱养殖等大规模集约化海水贝类养殖方式得以广泛应用。此后，中国海水贝类养殖面积增

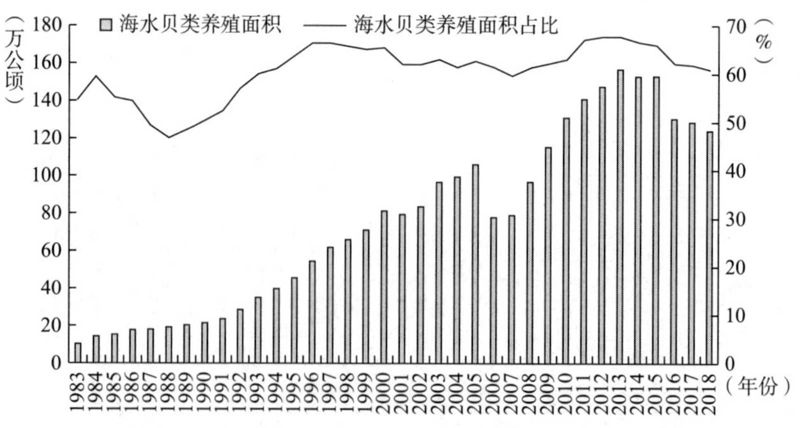

图 2　1983～2018 年中国海水贝类养殖面积及其占比变化趋势

---

① 刘媛、王健、孙剑峰、王颉：《我国海洋贝类资源的利用现状和发展趋势》，《现代食品科技》2013 年第 3 期。

速有所减缓。从 2014 年起，全国海水贝类养殖面积总体呈逐年缩小趋势。

（三）苗种培育稳步发展

从实践来看，苗种在海水贝类养殖过程中极为重要①，苗种质量的优劣及数量的多少直接影响到海水贝类养殖的规模和最终产量。目前，中国贝类苗种培育主要有人工育苗、半人工采苗、土池半人工育苗、采捕野生苗种等方法。② 不同的养殖场地对海水贝类苗种的需求也有所差异，在实践中池塘养殖需要投放人工苗种，而围栏养殖、潮间带养殖通常采用海域的天然苗种。近年来，随着生物技术的进步，杂交育种、多倍体育种等贝类选育方法贡献了较多高质又多产的海水贝类品种。统计显示，中国海水贝类苗种培育总量整体呈增加态势，具体从 2003 年的 7361.45 亿粒增至 2018 年的 28081.60 亿粒，年均增长率约为 9.34%（见图 3）。另外，从海水贝类苗种培育的产业集中度③来看，2003～2018 年中国海水贝类苗种培育的生产集中度均保持在 82% 以上，区域集聚生产的程度较高，并且在较多的年份（2009～2018 年）主要集中在福建、山东和浙江三省。相比之下，其他海水贝类养殖大省，例如辽宁、广东、广西等省（区、市）的海水贝类苗种培育总量较少，2018 年其海水贝类苗种培育总量的全国占比均不足 4%，养殖所需的海水贝类苗种自给率有待提升。

（四）空间格局基本稳定

当前，中国海水贝类养殖的空间分布格局基本稳定。2018 年，

---

① 有关中国海水贝类苗种培育数量的统计数据始于 2003 年。

② 王波、韩立民：《我国贝类养殖发展的基本态势与模式研究》，《中国海洋大学学报》（社会科学版）2017 年第 3 期。

③ 产业集中度是产业组织理论中用来衡量企业垄断程度的重要指标。本文用它来反映海水贝类苗种培育产业在全国集中生产的程度，具体等于全国海水贝类苗种培育数量居前 3 位省份的培育总量之和所占比重。

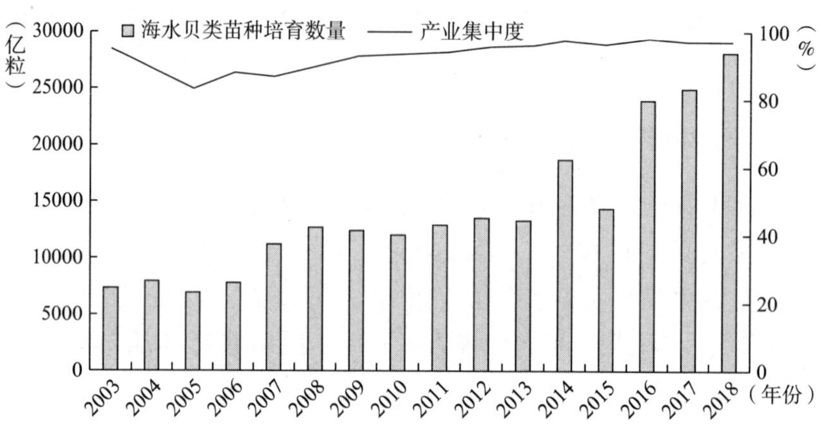

图 3　2003～2018 年中国海水贝类苗种培育数量及其产业集中度变化趋势

全国海水贝类养殖产量排名前 4 位的省份与 2010 年相同，依次是山东、福建、辽宁和广东（见图 4）。2018 年，上述 4 个主要生产省份的海水贝类养殖总产量为 1136.97 万吨，占全国海水贝类养殖总产量的比重高达 78.74%。值得注意的是，自 2016 年以来，除福建以外的其余各省海水贝类养殖增产乏力，辽宁的海水贝类养殖产量甚至出现减少态势。从养殖面积来看，1983 年以来沿海各省的海水贝类养殖面积不断拓展，占比最大的辽宁增幅最大。

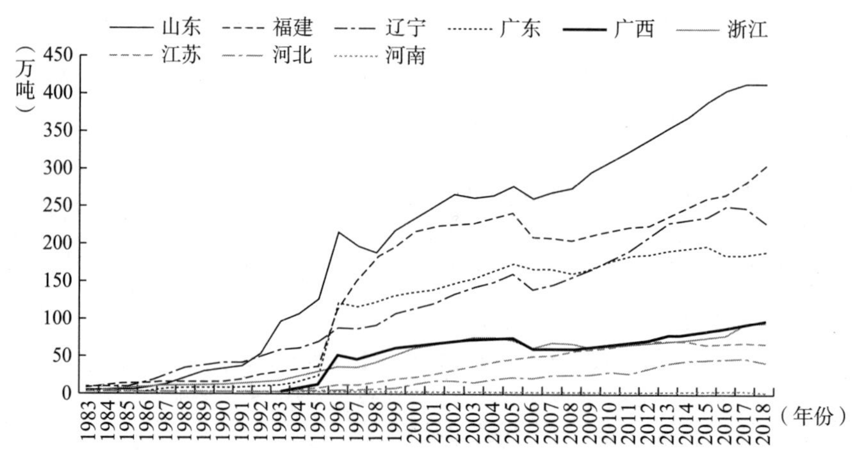

图 4　1983～2018 年中国海水贝类养殖主要省份产量变化趋势

（五）品种组成相对丰富

2018 年，中国海水贝类养殖品种呈现以牡蛎、蛤、扇贝、贻贝、蛏为主，以蚶、螺、鲍、江珧为辅的产品结构，海水贝类养殖各品种的产量总体呈增长态势，但增幅各有不同（见图 5）。20 世纪 80 年代，中国主要的海水贝类养殖品种是贻贝，其养殖总量占海水贝类养殖总量的 40% 左右。进入 20 世纪 90 年代以来，中国海湾扇贝的工厂化人工育苗技术得以突破，加之政府政策扶持，扇贝养殖发展迅速，最终掀起了以扇贝养殖为代表的第三次海水养殖浪潮。1995 年以后，牡蛎和蛤的养殖进入蓬勃发展阶段，二者的产量分别从 1995 年的 37.31 万吨、50.20 万吨增至 2018 年的 513.98 万吨、408.08 万吨，年均增长率分别为 12.08% 和 9.54%。从养殖面积来看，不同品种的海水贝类养殖面积变动差异较大，其中，扇贝的养殖面积变动幅度最大，其在 2006 ~ 2013 年增长速率最快（年均增长率高达 23.71%），随后出现快速下跌态势；同期，蛤和牡蛎的养殖面积却较为稳定，一直呈现小幅波动上升的态势。2018 年，扇贝、蛤、牡蛎的养殖面积分别是 44.37 万公顷、38.31 万公顷、14.44 万公顷，三者之和占全国海水贝类养殖总面积的比重高达 84.69%。

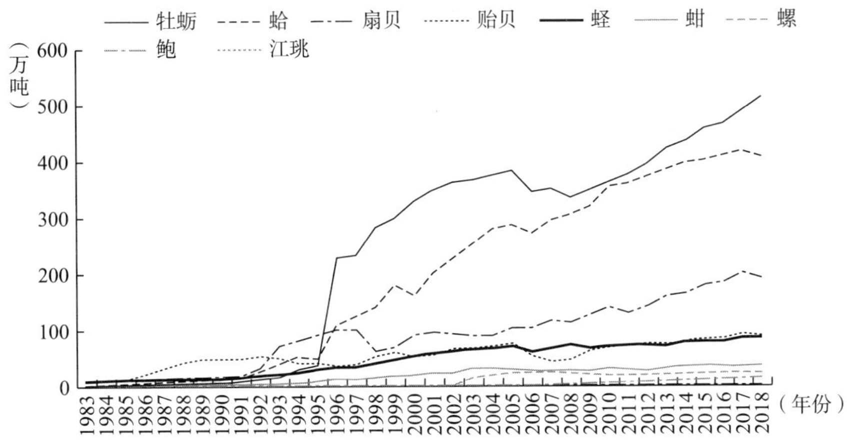

图 5　1983 ~ 2018 年中国海水贝类养殖主要品种产量变化趋势

二　中国海水贝类养殖生产函数的构建与解析

（一）中国海水贝类养殖生产函数的构建

1. 模型构建

生产函数反映的是一定时期内，在既定技术水平下，生产过程中各种生产要素投入量与最大产量之间的关系。① 为了判别中国海水贝类养殖业目前整体所处的发展阶段，本文借鉴经典非线性的柯布－道格拉斯生产函数模型来拟合海水贝类养殖生产函数。从实践来看，海水贝类养殖过程深受诸多因素的影响。考虑到数据的可获得性，本文主要选取海水贝类养殖专业从业人员数量、海水贝类养殖面积、海水贝类苗种培育数量三个指标作为生产投入要素来考察它们对海水贝类养殖产量的影响机制。显然，可以将中国海水贝类养殖生产函数模型表示为：

$$Y = L^{\alpha} K^{\beta} S^{\gamma} e^{\mu} \tag{1}$$

其中，Y 代表海水贝类养殖产量，L 代表海水贝类养殖专业从业人员数量（单位为人），K 代表海水贝类养殖面积（单位为公顷），S 代表海水贝类苗种培育数量（单位为万粒），μ 代表随机干扰的影响，e 为自然对数的底，α、β 和 γ 分别为海水贝类养殖专业从业人员数量、养殖面积和苗种培育数量的产出弹性系数。为使式（1）转化为线性函数以方便进行回归分析，对公式两边取对数可以得到：

$$\ln Y = \alpha \ln L + \beta \ln K + \gamma \ln S + \mu \tag{2}$$

2. 数据说明

本文所用数据主要来源于历年《中国渔业统计年鉴》，鉴于海

① 郭卫东、穆月英：《我国水利投资对粮食生产的影响研究》，《经济问题探索》2012 年第 4 期。

水贝类苗种培育数量最早于2003年开始披露，为保障数据的统一性及可比性，本文实证分析选取了2003～2018年共16年的时间序列数据。其中，海水贝类养殖专业从业人员数量无法从《中国渔业统计年鉴》中直接获得，因此，本文根据海水贝类养殖产量在渔业养殖产量中所占比重和渔业养殖专业从业人员数量两个指标进行折算，计算公式如下：

$$\text{海水贝类养殖专业从业人员数量} = \text{渔业养殖专业从业人员数量} \times \frac{\text{海水贝类养殖产量}}{\text{渔业养殖产量}}$$

值得注意的是，《中国渔业统计年鉴》根据第二次和第三次全国农业普查结果调整了2006年和2016年全国海水贝类养殖产量、海水贝类养殖面积、渔业养殖产量，本文以此为基数分别对2003～2005年、2012～2015年的渔业养殖产量数据进行了相应调整，并选用调整后的数据进行海水贝类养殖生产函数模型的构建。

3. 平稳性检验与协整分析

为了避免变量因非平稳性而导致伪回归问题，本文在进行回归分析前先对各变量的平稳性与协整关系进行检验。首先，采用ADF（Augmented Dickey-Fuller）单位根检验来确定$\ln Y$、$\ln L$、$\ln K$、$\ln S$各个变量的平稳性，检验结果如表1所示。可以看出，$\ln Y$的麦金农近似p值（MacKinnon Approximate p-Value）为0.0000，拒绝原假设即不存在单位根；而$\ln L$、$\ln K$、$\ln S$的麦金农近似p值均大于0.1000，无法在10%的水平下拒绝单位根的原假设，表现出不平稳性，如果直接进行回归，将会造成伪回归。通过进行一阶差分，结果发现上述变量各自的一阶差分序列$\Delta(\ln Y)$、$\Delta(\ln L)$、$\Delta(\ln K)$、$\Delta(\ln S)$的麦金农近似p值均小于0.1000，表现出平稳的特征，即$\ln Y$、$\ln L$、$\ln K$、$\ln S$都是一阶单整的。

表1　ADF单位根检验结果

变量	检验形式	ADF统计量	麦金农近似p值	检验结论
$\ln Y$	$(C, T, 3)$	-7.538	0.0000	平稳
$\ln L$	$(C, 0, 0)$	-2.533	0.1077	不平稳

续表

变量	检验形式	ADF 统计量	麦金农近似 p 值	检验结论
ln*K*	(*C*, *T*, 1)	-1.124	0.9250	不平稳
ln*S*	(*C*, *T*, 2)	-2.038	0.5804	不平稳
Δ (ln*Y*)	(*C*, 0, 0)	-3.437	0.0098	平稳
Δ (ln*L*)	(*C*, 0, 0)	-4.101	0.0010	平稳
Δ (ln*K*)	(*C*, 0, 0)	-2.726	0.0696	平稳
Δ (ln*S*)	(*C*, 0, 0)	-5.847	0.0000	平稳

注：检验形式（*C*，*T*，*P*）中，*C* 表示常数项，若无常数项，则 *C* = 0；*T* 表示时间趋势项，若无时间趋势项，则 *T* = 0；*P* 表示滞后阶数。Schwert 推荐，取最大滞后阶数为 P_{max} = $[12 \times (t/100)^{1/4}]$，其中 *t* 为样本容量，［·］表示取整［G. W. Schwert, "Tests for Unit Roots: A Monte Carlo Investigation," *Journal of Business & Economic Statistics* 7(1989): 147 - 160］。

进一步地，只有 ln*Y* 与 ln*L*、ln*K*、ln*S* 之间存在协整关系，才可以对它们进行时间序列分析。通常，有两种检验协整关系的方法：EG 两步法与 Johansen 极大似然估计法。由于 EG 两步法不能处理同时存在多个协整关系（即协整秩 $r>1$）的情况，故本文采用 Johansen 极大似然估计法对 ln*Y*、ln*L*、ln*K*、ln*S* 进行协整分析，检验结果如表 2 所示。可以看出，在协整秩 $r \leqslant 1$ 的零假设下，无论是迹统计量还是最大特征值，均小于 5% 的显著性水平下的临界值，因此接受协整秩 $r=1$ 的零假设，表明变量之间有且仅有 1 个协整关系。根据上述检验结果，可以得出：ln*Y* 为平稳序列，ln*L*、ln*K*、ln*S* 为非平稳序列，经过一阶差分后 4 个变量在 95% 的置信水平下是平稳的，即序列为一阶单整且存在一个协整关系，即存在长期均衡关系。

表 2　Johansen 协整检验结果

特征值	迹统计量	临界值（5%）	最大特征值	临界值（5%）	零假设 H_0	备择假设 H_1	结论
0.9387	72.8931	54.64	41.8761	30.33	$r=0$	$r \geqslant 1$	拒绝
0.7503	31.0170	34.55	20.8150	23.78	$r \leqslant 1$	$r \geqslant 2$	接受
0.3908	10.2020	18.17	7.4352	16.87	$r \leqslant 2$	$r \geqslant 3$	
0.1684	2.7668	3.74	2.7668	3.74	$r \leqslant 3$	$r \geqslant 4$	

（二）回归分析

本文采用普通最小二乘法（OLS）对海水贝类养殖生产函数进行参数估计。首先将所要考察的变量一次性引入生产函数，得到模型1；鉴于海水贝类养殖专业从业人员数量为折算所得，且在模型1中的回归结果并不显著，将其剔除后最终得到全部考察变量均显著的模型2（见表3）。可以看出，模型1中可决系数 $R^2=0.8823$，F统计量在1%的显著性水平下显著，这说明模型1整体拟合效果较好。从模型1中4个参数的显著性水平来看，ln*K* 与 ln*S* 参数估计值的p值均小于0.05，通过显著性检验；相反，ln*L* 参数估计值的p值大于0.1，未通过显著性检验。模型2的回归结果显示，ln*K*、ln*S* 及常数项 *c* 均在1%的显著性水平下通过检验，同时 $R^2=0.8761$，且F值较大，与模型1的回归结果相比，统计特性得到明显改善。至此，中国海水贝类养殖生产函数可以表示为：

$$Y = e^{8.6057}K^{0.2596}S^{0.2159} \tag{3}$$

表3　中国海水贝类养殖生产函数的回归结果

变量	模型1			模型2		
	参数估计值	标准误	p值	参数估计值	标准误	p值
c	4.2485	5.5618	0.460	8.6057	0.8796	0.000
ln*L*	0.3011	0.3794	0.443			
ln*K*	0.2185	0.0918	0.035	0.2596	0.0748	0.004
ln*S*	0.2506	0.0593	0.001	0.2159	0.0396	0.000
	$R^2=0.8823$　F=29.98			$R^2=0.8761$　F=45.96		

由表3可以看出，现阶段中国海水贝类养殖总体上具有以下特征。

第一，长期以来，中国海水贝类养殖业的蓬勃发展是养殖面积扩张和苗种培育数量增加的结果。从模型2的回归结果来看，中国海水贝类养殖面积的产出弹性值（即参数估计值）为0.2596，这表明在其他条件不变的情况下，中国海水贝类养殖面积每增加1%，海水贝类养殖产量就会增长 0.2596%。同样，中国海水贝类苗种培育数量的产出弹性值为 0.2159，这意味着在其他条件不变的情况下，中国海水贝类苗种培育数量每增加 1%，将会促进海水贝类养殖产量增加 0.2159%。比较而言，海水贝类养殖面积对产出的影响略大于苗种培育数量对产出的影响，增加海水贝类养殖面积是现阶段提升中国海水贝类养殖产量的主要途径。

第二，目前中国海水贝类养殖业发展总体处于规模报酬递减阶段。由表 3 可知，本文依托历年《中国渔业统计年鉴》，对中国海水贝类养殖生产函数拟合的结果，无论是回归模型 1 还是回归模型 2，每个回归模型中的各个生产要素的产出弹性值之和均小于 1（模型 1 中的产出弹性值之和为 0.7702 <1，模型 2 中的产出弹性值之和为 0.4755 <1）。这意味着从整体来看，目前中国海水贝类养殖业发展尚处于规模报酬递减阶段。此时，若选择继续加大要素投入，一味地扩大养殖规模，非但不会进一步提升产能，反而会从整体上降低中国海水贝类养殖产量。未来为保证海水贝类养殖业的高质量发展，实践中应转变产业发展方式，从目前依靠增加生产要素投入向集约化海水贝类养殖转变，通过借助“互联网 +”，做好海水贝类产品的电商经营服务工作，并以此为突破口促进海水贝类养殖业的高质量发展，切实促进海水贝类养殖业的生产发展和贝农增收。

三　中国海水贝类养殖关键问题诊断

（一）优质苗种相对较少，良种覆盖面总体较小

1996 ~2018 年，中国在海水贝类苗种培育数量方面取得了一定成效，由全国水产原种和良种审定委员会审定、农业农村部公告推广养殖的水产新品种达到 215 个，但其中贝类新品种只有 39 个，部分新品种在质量方面与良种相比尚有较大的差距。现阶段，中国海水贝类新品种选育通常将生长速度作为目标性状，兼顾优质外形、成活率、繁殖力、营养价值等内容的多性状新品种较少，优质苗种

综合生产能力明显不足已经成为当前制约中国海水贝类养殖业发展的主要瓶颈。此外，海水贝类良种繁育、培育、推广各阶段较为分散，一体化体系构建尚不完善，导致中国优质海水贝类新品种长期以来推广速度相对缓慢、优质苗种的覆盖面普遍较小、良种增产贡献率有待提升。实践中，相当部分的海水贝类苗种未经选育，存在近亲繁殖、种质退化、抗逆性差等问题，导致部分地区海水贝类的死亡率局部偏高，进而致使部分渔民经济效益受损。

（二）养殖方式普遍粗放，生态环境面临挑战

长期以来，中国的海水贝类养殖方式较为粗放，养殖技术应用缺乏规范，养殖空间布局不甚合理，加之陆源污染物的外生影响，致使海水贝类养殖环境局部恶化，严重阻碍中国海水贝类养殖业的可持续发展。从海水水域污染状况来看，以工业废水、农业用水、生活污水排放为主的陆源污染，以及养殖过程中由化学药品的不当使用、过量饵料及污损生物附着造成的养殖污染，也致使部分地区海水贝类养殖海域的生态系统面临严峻的挑战。

（三）精深加工程度较低，流通体系保障乏力

在中国众多水产品中，海水贝类养殖业虽然总体产量可观，但由于加工技术落后，精深化加工程度较低，导致整个产业的经济效益总体较低。实践中，中国海水贝类产品主要以活体或鲜销品、腌制品、干制品、冷冻品、调味品等形式进行流通销售；部分高档海水贝类产品为更好地保留原有风味和营养价值，会采用冻干干燥或真空干燥加工后进行出售。但无论是哪种形式，中国海水贝类加工总体上尚局限在可食用部分的初级加工层面，技术含量低，导致海水贝类产品的综合利用水平低，满足消费需求的功能性保健品、药品、化妆品、工艺品等系列精深化加工产品有待进一步开发。另外，从流通环节来看，中国海产贝类产品的供应链环节偏多，经销商、批发商、零售商等诸多环节的存在客观上增加了中国海水贝类产品的运输路程、装卸搬运和产品包装次数，大幅增加了中国海水

贝类产品的流通成本和产品损耗。海水贝类产品属于易腐产品，在流通过程中对冷链物流体系的依赖程度较高，目前中国水产品冷链物流体系建设尚不完善，物流服务与市场需求尚有距离，客观上使中国海水贝类产品在流通销售环节面临一定程度的运营风险。

（四）区域品牌建设薄弱，电商经营发展缓慢

面临激烈的市场竞争，建设品牌成为企业提升竞争力的重要手段。当前，在中国海水贝类养殖业发展中，中小规模的生产加工企业较多，独立创建品牌的难度较大。虽然部分海水贝类养殖产区选择创建区域品牌，例如獐子岛扇贝、乳山牡蛎、胶州湾杂色蛤等知名区域品牌，并取得了显著实效——不仅增加了产品附加值，而且有效提升了市场认知度，也进一步提高了市场占有率。但总体来看，中国海水贝类养殖业的知名区域品牌数量相对较少，多而杂的地方品牌难以充分发挥区域品牌的经济带动作用。在电商经营方面，现阶段，中国互联网联通技术、移动支付技术、产品保鲜技术、现代冷链物流体系建设技术日趋完善，为海水贝类产品电商经营活动的开展提供了技术保障。但受海水贝类产品电商经营起步较晚的影响，目前中国海水贝类产品的电商经营总体发展缓慢，电商经营服务的技能和标准化程度有待提升。在新冠肺炎疫情的现实背景下，如何有效提升海水贝类产品的电商经营水平是下一阶段中国海水贝类养殖业能否实现高质量发展的关键所在。

四　促进中国海水贝类养殖业高质量发展的策略选择

（一）提升苗种繁育质量，加大海水贝类良种推广力度

以建设海水贝类原种和良种场、优良苗种繁育基地为依托，重点关注关键育种技术研发及优良品种创制，积极开展海水贝类苗种的种业工程与规模化繁育，切实提升海水贝类苗种繁育质量，着力

做好海水贝类良种生产工作。引导水产龙头企业与高校、科研院所联合，在完善传统杂交选育技术的基础上，积极开展多性状 BLUP 选择、分子标记辅助育种、多倍体育种和细胞工程育种等现代海洋育种技术研发工作。① 针对生长速度、抗病能力、品质、外观等海水贝类重要经济性状进行技术改良，重点选育汇集多个优良性状特征的海水贝类新品种。同时，积极探索构建海水贝类种业发展高效运营体系，加快培育"育—繁—推"一体化的海水贝类种业企业，围绕苗种产品的全生命周期，尽快实现对种质资源、育种技术研发、良种培育、质量检验、规模化繁育以及技术推广等环节的科学化管理，最终以提升良种覆盖率和增产贡献率为导向，全面做好海水贝类的良种化工作。

（二）加强养殖技能培训，倡导生态化海水贝类养殖

积极引进并推广海水贝类科学养殖管理模式，充分发挥国家农业产业技术体系贝类综合试验站的技术培训、示范推广作用，定期开展海水贝类养殖技术培训工作，重点加强合理用药与规范养殖的相关理论知识学习。同时，还要结合各地实际，合理控制海水贝类养殖密度，倡导并大力推广贝藻混养、贝参混养、贝虾混养、贝藻轮养等高效利用养殖空间的立体生态模式。在提高海水贝类养殖业资源环境协调能力的同时，最大限度地减少海水贝类养殖所带来的海域污染，促进海水贝类养殖业的可持续发展。在实践过程中，为了加快海水贝类养殖方式的转变，积极推广"水产龙头企业 + 养殖基地 + 养殖户"的海水贝类养殖订单合作模式。② 通过合同规范海水贝类养殖户的养殖行为，在完善工商管理部门水产市场监督管理功能的同时，科学引导海水贝类养殖向资源节约型和环境友好型的

---

① 王如才、郑小东：《我国海产贝类养殖进展及发展前景》，《中国海洋大学学报》（自然科学版）2004 年第 5 期。

② 刘永新、李梦龙、方辉、李乐、王书：《我国水产种业的发展现状与展望》，《水产学杂志》2018 年第 2 期。

方向发展。

（三）推进海水贝类精深加工，大力发展冷链物流体系

以财政资金扶持为先导，加大海水贝类产品精深加工技术的研发投入，积极调动高校及科研院所的科研力量对传统贝类加工技术进行升级和改造。支持海水贝类产品精深加工新技术、新工艺、新设备的研发工作，加大冻干干燥、真空干燥、超高压加工等先进加工技术在海水贝类食品加工环节的应用和推广，重点支持海水贝类生物制药、保健品和化妆品等功能性产品的开发工作。在流通保障环节，探索转变传统水产批发市场经营模式，着力减少中间流通环节，依托互联网将海水贝类生产经营者和消费者连接起来，大力推进电商流通体系建设，重点发展以冷链物流为核心的现代水产物流体系。在加大冷链物流基础设施建设力度的同时，做好冷链物流的相关软硬件建设工作，不断升级冷链物流技术装备，积极推广先进水产仓储及运输管理信息系统的使用，在有效满足消费者需求的同时最大限度地降低流通过程中海水贝类产品的损耗。

（四）支持区域品牌建设，加大电商经营扶持力度

充分利用水产品品牌的溢价功能，加快海水贝类产品的品牌建设，重点支持海水贝类产品的区域品牌建设。一方面，要立足现实，深挖品牌的文化内涵，积极引导经营者申请地理标志证明商标并加强商标管理，持续做好现有海水贝类产品区域品牌的深化推广工作；另一方面，应统筹做好特色海水贝类养殖的资源评估、文化挖掘、包装服务、宣传推介等各项工作，着力打造全新的海水贝类产品区域品牌。最终，通过打造一系列的海水贝类产品区域特色品牌，全面提升中国海水贝类的经济附加值。与此同时，加大海水贝类产品的电商经营扶持力度。积极发挥村级基层组织和水产养殖合作社的作用，定期开展水产品网络销售技术培训工作，鼓励海水贝类养殖户和相关水产企业主动对接具有较大网络影响力的电商平台，重点扶持海水贝类产品的电商门店建设。通过加强水产品电商

平台的可追溯体系建设和完善相关的监管服务工作，全力营造有利于销售海水贝类产品的电商网络环境，切实促进广大贝农有效增收。

Study on the Production Stage and Development Strategy of Marine Shellfish Culture in China

Lu Kun[1], *Sun Juan*[1], *Pierre Failler*[2], *Mu Yongtong*[3]

(1. *School of Management, Ocean University of China, Qingdao, Shandong, 266100, P. R. China*; 2. *Center for Blue Governance, Faculty of Business and Law, University of Portsmouth, Portsmouth PO1 3DE, United Kingdom*; 3. *Fisheries College, Ocean University of China, Qingdao, Shandong, 266003, P. R. China*)

Abstract: At present, marine shellfish is playing a dominant role in mariculture in China. In addition to the continuous increase of production, the improvement of breeding techniques, the stable distribution of production areas and the increasingly rich variety structure, the area of marine shellfish cultivation in China is gradually shrinking, and the exploitation of marine shellfish cultivation in China is still in the stage of diminishing returns to scale. Meanwhile, there are some problems in the practice of marine shellfish cultivation, such as the shortage of high-quality seedlings, the extensive cultivation pattern, insufficient intensive processing, the lack of circulation security system, the weak regional brand building and the slow development of e-commerce. In order to realize the high-quality development of the mariner shellfish cultivation, it is necessary to improve the level of breeding, strengthen the training of breeding skills, deepen the processing of marine shellfish, improve the level of cold chain logistics, support the construction of regional brands and the e-commerce operation in future.

Keywords: Marine Shellfish; Marine Shellfish Cultivation; Production Stage of Marine Shellfish Cultivation; Production Function of Marine Shellfish Cultivation; Cold Chain Logistics

（责任编辑：孙吉亭）

海洋产业转型升级的研究进展与未来方向*

纪建悦　唐若梅　许　瑶**

摘　要　海洋产业转型升级对于海洋强国战略的实现具有重要的意义。本文从国内外学者的研究出发，对海洋产业转型升级的概念进行梳理；从技术创新、金融支持、环境规制、产业集聚、经济发展水平等方面对海洋产业转型升级的动力因素进行分析；从过程和效果两个角度对海洋产业转型升级的测度指标进行归纳整理，过程角度从产业转型升级的方向和速度入手，效果角度从产业结构优化升级的两个方面，即产业结构合理化和高度化加以考虑；随后对海洋产业转型升级的路径进行概括，总结现有的海洋产业转型升级研究取得的进展与不足，最后指出未来的研究方向。

关键词　海洋产业　海洋强国　技术创新　海洋金融　海洋环境规制

---

*　本文为国家社会科学基金重大研究专项“中美贸易摩擦背景下我国海洋产业转型升级的路径设计”（项目编号：19VHQ007）阶段性研究成果。

**　纪建悦（1974～），男，博士，中国海洋大学经济学院教授，中国海洋大学海洋发展研究院研究员，博士研究生导师，主要研究领域为国民经济学、公司金融；唐若梅（1996～），女，中国海洋大学经济学院硕士研究生，主要研究领域为国民经济学、产业经济学；许瑶（1994～），女，通讯作者，中国海洋大学经济学院博士研究生，主要研究领域为资源环境与国民经济可持续。

引　言

自 2012 年提出海洋强国战略以来，中国海洋经济发展势头良好，但是在海洋经济快速发展的同时，海洋产业不均衡、不协调等问题仍然存在，这时海洋产业转型升级的重要性开始凸显。鉴于此，本文在现有文献的基础上，对海洋产业转型升级的内涵、动力因素、测度、路径的文献进行了系统梳理，并试图从研究成果与不足两方面给予客观的评价，最后指出未来可能的研究方向。

一　海洋产业转型升级的内涵

（一）海洋产业概念

“产业”一词在《辞海》中有两个含义，一是指货财、土地、屋宅等财产的总称，二是指农、矿、工、商等经济事业的总称。[①]现代西方经济学将产业定义为国民经济的各行业；而现代产业经济学认为，产业是社会生产力发展的结果，是社会分工的产物，是具有某类共同特征的企业的集合。海洋产业在各国的定义基本类似，主要是指与海洋资源有关的经济活动。例如，美国海洋局将海洋产业定义为在生产过程中利用海洋资源生产人们需要的产品或提供服务的活动。在中国，由于标准不同，所以人们对海洋产业的定义也不相同。国内学者和政府部门都对海洋产业进行了定义。孟芳认为，海洋产业是指人类开发、利用海洋资源和海洋空间所形成的生产门类。[②]韩立民、卢宁认为，海洋产业属于中观经济范畴，体现的是人与自然界的生产关系，并将海洋产业定义为具有同一属性的

① 夏征农、陈至立主编《辞海（第六版）》，上海辞书出版社，2010。

② 孟芳：《中国与海丝沿线国家海洋产业合作的经济增长效应及政策研究》，硕士学位论文，广东海洋大学，2019，第 11 页。

海洋企业或组织的集合。[①] 马仁锋等认为，海洋产业指的是在海洋及其邻近空间内直接利用海洋资源进行的各种经济活动。[②] 中华人民共和国国家标准《海洋及相关产业分类》（GB/T 20794—2006）将海洋产业定义为开发、利用和保护海洋时所进行的生产和服务活动的总和。总体来看，学者们对海洋产业的定义包括狭义和广义两个方面。狭义的海洋产业是指开发、利用和保护海洋时所进行的生产和服务活动，包括主要海洋产业和海洋科研教育管理服务业；广义的海洋产业还包括与主要海洋产业构成上下游关系的相关海洋产业。

（二）产业转型升级概念

"转型"一词在《辞海》中的定义是改变既有的形象、现况等。[③]《现代汉语新词词典》将"转型"定义为转变类型。[④]《新语词大词典》中的"转型"是指结构、体制等方面的转变、改革。[⑤] 左莉认为，产业转型通常是由支柱产业的转化来实现的，其本质是产业中原有要素在新的环境下的重新组合，包含着产出结构、技术结构和产业组织的变动、调整和优化。[⑥] 姜琳认为，产业转型是通过新旧产业的更替来实现的，主要有两种途径：一是落后产业被新型产业取代，从而退出市场；二是落后产业通过技术创新重新焕发活力。[⑦] 徐振斌认为，产业转型是指一国或地区产业结构的直接或间接调整的过程。[⑧]

---

① 韩立民、卢宁：《关于海陆一体化的理论思考》，《太平洋学报》2007 年第 8 期。

② 马仁锋、李加林、赵建吉、庄佩君：《中国海洋产业的结构与布局研究展望》，《地理研究》2013 年第 5 期。

③ 夏征农、陈至立主编《辞海（第六版）》，上海辞书出版社，2010。

④ 于根元主编《现代汉语新词词典》，北京语言学院出版社，1994，第 933 页。

⑤ 韩明安主编《新语词大词典》，黑龙江人民出版社，1991，第 649 页。

⑥ 左莉：《产业转型中价值转化模型研究》，硕士学位论文，大连理工大学，2002，第 2 页。

⑦ 姜琳：《产业转型环境研究》，硕士学位论文，大连理工大学，2019，第 7 页。

⑧ 徐振斌：《新型工业化与产业转型》，《经济研究参考》2004 年第 17 期。

“升级”一词在《辞海》中的定义是等级由低级升到高级。[①]《现代汉语大词典》中的“升级”是指从原来的等级升到较高的等级。[②] 产业升级可以按照涉及层面的不同，从不同的角度进行研究。对于宏观层面的产业升级，国外学者 Michael 认为，产业升级是一个国家的资本和技术密集型产业逐渐占据比较优势的过程。[③] 国内学者通常将产业升级与产业结构升级联系起来。芮明杰认为，产业升级是由三次产业权重演变而引起的产业结构优化的过程。[④] 李晓阳等认为，宏观上的产业升级是指优化、改善产业结构，促进产业协调发展。[⑤] 对于微观层面的产业升级，国内外学者主要是从企业的角度进行阐述。企业为了提高其竞争能力而进行的技术改进和从事高附加值活动的过程就是产业升级。李晓阳等认为，微观上的产业升级主要是指产业素质和效率的提升。[⑥]

相对而言，也有研究并没有对转型和升级进行区分，而是将产业转型和产业升级统称为产业转型升级。Gereffi 从微观层面企业的行为来定义产业转型升级，认为企业从主要生产劳动密集型产品转变为主要生产资本和技术密集型产品的过程就是产业转型升级。[⑦] 王柏玲、李慧认为，产业转型升级的过程是要素禀赋动态变化和选

① 夏征农、陈至立主编《辞海（第六版）》，上海辞书出版社，2010。

② 阮智富、郭忠新主编《现代汉语大词典（上册）》，上海辞书出版社，2009，第134 页。

③ E. P. Michael, *The Competitive Advantage of Nations* (London: Macmillan, 1990), pp. 11 - 20.

④ 芮明杰主编《产业经济学》，上海财经大学出版社，2005，第 1 ~ 12 页。

⑤ 李晓阳、吴彦艳、王雅林：《基于比较优势和企业能力理论视角的产业升级路径选择研究——以我国汽车产业为例》，《北京交通大学学报》（社会科学版）2010 年第 2 期。

⑥ 李晓阳、吴彦艳、王雅林：《基于比较优势和企业能力理论视角的产业升级路径选择研究——以我国汽车产业为例》，《北京交通大学学报》（社会科学版）2010 年第 2 期。

⑦ G. Gereffi, “International Trade and Industrial Upgrading in the Apparel Commodity Chain, ”*Journal of International Economics* 55(1999): 33 - 70.

择的过程。①

（三）海洋产业转型升级概念

对于海洋产业转型升级概念的界定，学术界并没有进行深入的阐释，大多是借鉴产业转型升级的相关理论，提出大力发展海洋服务业、培育海洋主导产业、优化海洋空间布局等政策建议。② 在党的十九大提出坚持陆海统筹、加快建设海洋强国战略的背景下，本文结合产业转型升级的概念，对海洋产业转型升级的概念进行归纳分析。

海洋产业转型是指海洋产业投入产出结构、产业规模、组织、技术装备等发生变革或调整的状态或过程。海洋产业转型是在特定的财政、产业以及金融等政策直接或间接的影响下，企业通过改变经营方式以及进入或撤出某些海洋产业的动态调整过程来实现的。

海洋产业升级是指海洋产业的升级换代，是高附加值的海洋产业逐渐取代低附加值的海洋产业，最终实现海洋产业结构升级的动态调整过程。具体来看，微观层面的海洋产业升级指的是在全球价值链视角下，企业通过积极从事研发、营销等活动向"微笑曲线"的高端演进，提高产品附加值的过程；宏观层面的海洋产业升级指的是海洋产业结构的升级，具体表现为海洋产业结构的合理化和高度化。

总体来看，海洋产业转型更侧重于过程，而海洋产业升级更侧重于结果。海洋产业转型是海洋产业升级的前提和基础，海洋产业升级是海洋产业转型的表现。在海洋产业演进过程中，海洋产业转型与海洋产业升级之间的界限往往不是特别清晰，两者相互融合、不可分割。海洋产业转型升级是指在开发、利用和保护海洋资

---

① 王柏玲、李慧：《关于区域产业升级内涵及发展路径的思考》，《辽宁大学学报》（哲学社会科学版）2015 年第 3 期。

② 俞树彪、阳立军：《海洋产业转型研究》，《海洋开发与管理》2009 年第 2 期。

源的过程中，根据要素禀赋的动态变化调整要素投入，并且通过技术创新来提高产品附加值，最终实现海洋产业结构升级的动态调整过程。

二 海洋产业转型升级的动力因素

海洋产业转型升级的动力因素有很多，主要涉及技术创新、金融支持、环境规制、产业集聚、经济发展水平等方面。

（一）技术创新

技术创新能够提高生产效率，提升产品附加值，进一步会优化资源配置，促进产业转型升级。产业转型升级的根本动力是技术创新。[①] 程强、武迪认为，技术创新能够从多方面推动产业的转型升级。[②] 周柯等认为，产业转型升级不仅需要技术创新的推动，而且需要知识创新、制度创新等多方面共同推进。[③] 刘伟认为，技术创新能够通过提高生产效率和整合产业链来调整产业结构，进而实现产业转型升级。[④] 由于各行业的发展程度以及创新要素禀赋的不同，所以各行业的创新活动对产业转型升级的作用也呈现非均衡特征。[⑤]

海洋产业是典型的资本密集型和技术密集型产业，海洋自然条

① D. Acemoglu et al. , "Innovation, Reallocation, and Growth, " *American Economic Review* 108(2018): 3450 - 3491.

② 程强、武迪：《科技创新驱动传统产业转型升级发展研究》，《科学管理研究》2015 年第 4 期。

③ 周柯、张斌、谷洲洋：《科技创新对产业升级影响的实证研究——基于省级面板数据的实证分析》，《工业技术经济》2016 年第 8 期。

④ 刘伟：《经济新常态与供给侧结构性改革》，《管理世界》2016 年第 7 期。

⑤ S. Kergroach, " National Innovation Policies for Technology Upgrading Through GVCs: A Cross-Country Comparison, " *Technological Forecasting and Social Change* 145(2019): 258 - 272.

件恶劣多变，这就决定了海洋经济对技术的要求比陆域经济更高。① 徐胜、方继梅提取出了海洋科技创新影响海洋经济结构转型的主要影响因子，并对它们的影响程度进行了测度，证实了技术创新在海洋经济结构转型过程中的重要作用。② 王佳从技术创新和内部管理机制创新两方面出发，研究发现，技术创新能够促使广东省海洋渔业由粗放低效的发展模式转变为现代高效的发展模式。③ 在海洋强国战略背景下，技术创新对海洋产业转型升级的驱动作用越来越显著。

（二）金融支持

完善的金融服务体系在海洋产业转型升级过程中起到了关键作用，它是加快建设海洋强国的重要举措，对于构建适合中国海洋战略性新兴产业金融支持体系具有重大的理论意义和现实意义。狭义的海洋金融是指为海洋产业提供相应的融资和必要的资金支持；广义的海洋金融不仅包括投融资，还包括海洋信贷、基金、证券、保险和海洋保护区的可持续融资以及地区间的金融合作。

部分学者研究了金融支持与海洋产业转型升级的关系。陈梅雪认为，长期内金融影响因素对海洋产业的发展具有正向的积极作用。④ 李萍认为，由于海洋产业面临的金融支持不足，中国海洋新兴产业的研发投入以及技术创新水平与发达国家相比仍有较大差距。⑤ 刘祎、杨旭研究发现，金融支持一方面有效推动了福建省

---

① 盛朝迅：《“十三五”时期我国海洋产业转型升级的战略取向》，《经济纵横》2015 年第 12 期。

② 徐胜、方继梅：《海洋经济结构转型的科技创新影响因子研究》，《中国海洋大学学报》（社会科学版）2017 年第 4 期。

③ 王佳：《创新驱动背景下广东省海洋渔业转型发展及实施路径研究》，硕士学位论文，广东海洋大学，2018，第 32 ~ 33 页。

④ 陈梅雪：《辽宁省海洋产业发展的金融支持路径研究》，硕士学位论文，辽宁大学，2019，第 27 ~ 28 页。

⑤ 李萍：《海洋战略性新兴产业金融支持的路径选择与政策建议》，《中国发展》2018 年第 1 期。

海洋经济的发展，另一方面也助推了福建省海洋产业结构的优化升级。①

（三）环境规制

按照波特假说的观点，在动态的市场环境中，适度的环境规制会增强企业的技术创新活力。因为只有这样，企业才能生产出符合环境规制要求的产品，才能够不被市场淘汰。这种“创新补偿”效应有利于产业结构升级。在面临环境规制约束时，污染密集型企业为了避免缴纳高额的排污费，会加大研发投入力度，促进企业技术创新水平的提升，而企业活动扩展到产业层面可以促进产业结构升级。② 也就是说，当环境规制的技术效应强于资源分配的扭曲效应时，环境规制将促进产业结构升级。钟茂初等认为，环境规制会通过转变企业的生产决策来倒逼企业所处城市实现产业转型升级。③ 杨骞等研究发现，环境规制约束能够有效推进产业结构合理化与高级化。④

关于环境规制与海洋产业转型升级之间的关系，孙康等从方向和速度两个角度对海洋产业转型升级水平进行了测度，研究发现，环境规制可以通过创新机制引导海洋产业转型升级。⑤ 姜旭朝、赵玉杰认为，环境规制是否可以引导海洋产业结构实现升级，取决于

① 刘祎、杨旭：《金融支持、海洋经济发展与海洋产业结构优化——以福建省为例》，《福建论坛》（人文社会科学版）2019 年第 5 期。

② Shengjun Zhu et al. , “Going Green or Going Away: Environmental Regulation, Economic Geography and Firms’ Strategies in China’s Pollution-Intensive Industries,” *Geoforum* 55(2014): 53 – 65.

③ 钟茂初、李梦洁、杜威剑：《环境规制能否倒逼产业结构调整——基于中国省际面板数据的实证检验》，《中国人口 · 资源与环境》2015 年第 8 期。

④ 杨骞、秦文晋、刘华军：《环境规制促进产业结构优化升级吗?》，《上海经济研究》2019 年第 6 期。

⑤ 孙康、付敏、刘峻峰：《环境规制视角下中国海洋产业转型研究》，《资源开发与市场》2018 年第 9 期。

政府服务意识、市场主体地位和社会监督责任三者的交互协调作用。[①] 宁凌、宋泽明研究发现，海洋环境规制与海洋产业转型升级并不是简单的线性关系，而是呈现先下降后上升的"U"形曲线关系。[②]

（四）产业集聚

产业集聚能够给区域内的企业提供良好的经营环境，降低企业成本，催生区域内新企业，提高产业竞争力，提高产品附加值，有利于区域价值链条的完善，促进产业转型升级。梁琦、詹亦军认为，产业集聚推动产业升级的原因在于，集聚能够促进产业从劳动密集型向资本和技术密集型转变，从而提升产业的技术水平并有利于提高产业整体竞争力。[③] 解锋认为，区域内生产要素的集聚达到一定程度时，就会对当地产业的发展产生影响，引发产业结构的变动；进一步研究发现，制造业集聚程度普遍对区域产业结构变动影响显著。[④] 王柏生研究发现，中国制造业产业集聚对产业转型升级有正向的影响。[⑤]

近年来，学者们开始研究海洋产业集聚。栗坤等采用区位商指数对浙江省的海洋产业集聚度进行了计算，并且通过实证方法验证了产业集聚对区域经济增长的促进作用。[⑥] 姜旭朝、方建禹通过改

---

① 姜旭朝、赵玉杰：《环境规制与海洋经济增长空间效应实证分析》，《中国渔业经济》2017 年第 5 期。

② 宁凌、宋泽明：《海洋环境规制、海洋金融支持与海洋产业结构升级——基于动态面板 GMM 估计的实证分析》，《生态经济》2020 年第 6 期。

③ 梁琦、詹亦军：《产业集聚、技术进步和产业升级：来自长三角的证据》，《产业经济评论》2005 年第 2 期。

④ 解锋：《产业集聚对区域产业转型升级影响的实证分析》，硕士学位论文，吉林大学，2017，第 22 ~ 24 页。

⑤ 王柏生：《产业集聚促进产业转型升级了吗？——基于中国制造业的实证分析》，《科技和产业》2020 年第 1 期。

⑥ 栗坤、徐维祥、刘美辰：《浙江省海洋产业集聚与经济增长的互动关系》，《经营与管理》2013 年第 11 期。

进后的区位商对环渤海区域的海洋产业集群进行测度，研究发现，海洋产业集群的发展促进了环渤海区域经济的增长。① 纪玉俊、李超运用中国沿海地区的面板数据，研究发现，海洋产业集聚对区域海洋经济增长有显著且稳定的促进作用。②

（五）经济发展水平

经济发展水平与产业转型升级之间是相互促进、互为因果的关系。一方面，经济发展水平的提高意味着收入水平的提高，而收入水平的提高能够促进高层次需求的增加，进一步会通过消费结构的升级来带动产业转型升级。另一方面，产业结构的优化升级能够提升产品附加值，提高生产要素在各产业之间的配置效率，促进经济发展水平的提高。杜怡璇研究发现，山东省的经济发展水平越高，就越容易实现产业转型升级。③ 陈亚红对福建省产业转型升级的影响因素进行了分析，以 GDP 年增长率作为地区经济发展水平的代理变量，研究发现，GDP 年增长率每上升 1% 能够促使产业结构高度化指数上升 0. 244294% 。④ 杨坚以山东省的海洋产业为研究对象，考察了各影响因素对山东省海洋产业转型升级影响程度的大小，研究发现，按影响程度从大到小排列，经济发展水平在各影响因素中排在第一位，经济增长率每增加 1% 会促使产业转型升级指数增加 7. 947% 。⑤ 孙康等以人均 GDP 作为经济发展水平的代理

---

① 姜旭朝、方建禹：《海洋产业集群与沿海区域经济增长实证研究——以环渤海经济区为例》，《中国渔业经济》2012 年第 3 期。

② 纪玉俊、李超：《海洋产业集聚与地区海洋经济增长关系研究——基于我国沿海地区省际面板数据的实证检验》，《海洋经济》2015 年第 5 期。

③ 杜怡璇：《山东省产业转型升级的水平测度及影响因素研究》，硕士学位论文，山东财经大学，2018，第 45 页。

④ 陈亚红：《福建省产业转型升级水平的定量测度及其影响因素的实证分析》，《武夷学院学报》2018 年第 6 期。

⑤ 杨坚：《山东海洋产业转型升级研究》，博士学位论文，兰州大学，2013，第 80 页。

变量，研究发现，经济发展水平对海洋产业转型升级有正向促进作用。①

三　海洋产业转型升级的测度

在选取海洋产业转型升级的测度指标时，本文从转型升级的过程和效果两个角度加以研究。在海洋产业转型升级过程角度，本文从产业转型升级方向和速度两方面加以考虑，选取产业结构超前系数、Moore 值、Lilien 指数和产业结构年均变动值作为测度指标。在海洋产业转型升级效果角度，本文从产业结构优化升级的两个方面，即产业结构合理化和高度化展开研究。

（一）海洋产业转型升级过程测度

1. 海洋产业转型升级方向

目前大多数学者采用的测度海洋产业转型升级方向的指标是产业结构超前系数。在产业结构演进的过程中，同一时期不同产业的发展速度是不同的，不同时期也有不同的主导产业。产业结构超前系数能够衡量某一产业部门发展速度与整个经济系统相比是超前发展还是滞后发展。② 产业结构超前系数的计算公式为：

$$P_i = A_i + (A_i - 1) / B_i$$

其中，P_i表示产业结构超前系数；A_i表示报告期内 i 产业的产值占总产值的比重与基期 i 产业的产值占总产值的比重之比；B_i表示从基期到报告期经济的平均增长率，具体的计算公式为：

$$B_i = [\ln(GDP_{报告期}) - \ln(GDP_{基期})] / k$$

① 孙康、付敏、刘峻峰：《环境规制视角下中国海洋产业转型研究》，《资源开发与市场》2018 年第 9 期。

② 马洪福、郝寿义：《产业转型升级水平测度及其对劳动生产率的影响——以长江中游城市群 26 个城市为例》，《经济地理》2017 年第 10 期。

其中，k 为基期到报告期的年份数。当 $P_i > 1$ 时，产业 i 所占份额将不断上升，该产业超前发展；反之，当 $P_i < 1$ 时，产业 i 所占份额将不断下降，该产业滞后发展。

在海洋产业转型升级研究方面，付敏将沿海 11 个省市的三次产业结构超前系数从高到低排列后，发现这 11 个省市在 2010 ~ 2014 年的排列方式共有三种，分别是“第一、第三、第二产业”“第三、第一、第二产业”“第三、第二、第一产业”。①

2. 海洋产业转型升级速度

（1） Moore 值

利用 Moore 值来测度产业转型升级速度时采用的是空间向量的分析方法，将 n 个产业构建成 n 维向量，测算出不同时期两组向量夹角 $\emptyset$ 的余弦值，通过该余弦值来衡量产业结构的变化。② Moore 值计算公式如下：

$$M^{+} = \cos\emptyset = \frac{\sum_{i=1}^{n}(w_{i0} \times w_{it})}{\sqrt{\sum_{i=1}^{n}(w_{i0}^{2})\sum_{i=1}^{n}(w_{it}^{2})}}$$

$$\emptyset = \arccos M^{+}$$

其中，Moore 值用 M^{+} 表示，即不同时期两组向量夹角 $\emptyset$ 的余弦值用 M^{+} 表示；n 代表 n 个产业；w_{i0} 为产业 i 在基期的占比；w_{it} 为 t 时间内产业 i 在报告期的占比。

在海洋产业转型升级研究方面，付敏运用 Moore 值来测度环境规制下中国海洋产业的转型升级速度。③

（2） Lilien 指数

在生产率的驱使下，劳动力将从第一产业转移到第二产业再转

① 付敏：《环境规制视角下中国海洋产业转型升级研究》，硕士学位论文，辽宁师范大学，2019，第 22 页。

② 叶文显、刘林初：《西安产业转型水平测度及其结构效应分析》，《数学的实践与认识》2017 年第 8 期。

③ 付敏：《环境规制视角下中国海洋产业转型升级研究》，硕士学位论文，辽宁师范大学，2019，第 22 页。

移到第三产业，所以可以用这种劳动力在产业之间的转移来测定产业转型升级的速度。[①] Lilien 指数定义如下：

$$\partial_t = \left[\sum_{i=1}^{n} \frac{EMP_{it}}{TEMP_{it}} (\Delta \ln EMP_{it} - \Delta \ln TEMP_{it})^2 \right]^{1/2}$$

其中，下标 i 代表第 i 产业，$i=1$，2，3；下标 t 代表不同时间段；EMP 代表各产业的就业人数；$TEMP$ 代表总就业人数。∂_t的大小代表 t 时间内劳动力在各个产业之间再分配速度的快慢，进一步可以表示为产业转型升级速度的快慢，∂_t取值越大代表产业转型升级速度越快。

（3）产业结构年均变动值

除了上述两个指标之外，产业结构年均变动值也是测度产业转型升级速度的常用指标，它利用一定时期内产业结构年均变化的绝对值对产业转型升级速度加以测算[②]，具体计算公式为：

$$W = \left[\sum_{i=1}^{n} (| p_{it} - p_{i0} |) \right] / k$$

其中，W 代表产业结构年均变动值；i 代表第 i 产业，$i=1$，2，3；p_{i0}代表第 i 产业在基期的占比；p_{it}代表第 i 产业在报告期的占比；k 代表基期到报告期的年份数。

在海洋产业转型升级研究方面，付敏运用产业结构年均变动值来测度环境规制下我国海洋产业的转型升级速度。[③]

（二）海洋产业转型升级效果测度

产业转型升级是企业在竞争性战略的指导下，通过进入或退出

---

① S. Kuznets, “Modern Economic Growth: Findings and Reflections, ”*American Economic Review* 3(1973): 829 – 846.

② 赵丽：《韶关市产业结构转型升级的测度分析》，《韶关学院学报》2018 年第 1 期。

③ 付敏：《环境规制视角下中国海洋产业转型升级研究》，硕士学位论文，辽宁师范大学，2019，第 22 页。

某些行业来实现主导产业的更替，最终促使产业结构升级的动态调整过程，所以产业转型升级的最终效果是产业结构的优化升级。目前，国内学者关于产业转型升级效果的测度主要是以产业结构优化的两个方面即产业结构合理化和高度化为框架。其中，产业结构合理化是指产业间协调能力和产业素质的提高，产业结构高度化是指以创新作为核心动力使产业结构从低水平向高水平发展。下面分别对海洋产业结构合理化和海洋产业结构高度化来进行分析。

1. 海洋产业结构合理化

在测度产业结构合理化的单一指标中，结构偏离度评价法是应用比较普遍的。结构偏离度的公式为：

$$E = \sum_{i=1}^{n} \left| \frac{Y_i / L_i}{Y/L} - 1 \right| = \sum_{i=1}^{n} \left| \frac{Y_i / Y}{L_i / L} - 1 \right|$$

其中，E 表示产业结构偏离度，Y 表示海洋产业总产值，L 表示海洋产业总就业人数，Y_i表示第 i 产业总产值，L_i表示第 i 产业总就业人数，n 表示 n 个产业。由结构偏离度的定义可以看出，E 值越大代表经济与均衡状态的距离越大，产业结构越不合理；反之，E 值越小，产业结构越合理。

由于绝对值的计算使产业结构偏离度的计算变得比较复杂，再加上计算过程中忽视了各产业在经济中的重要程度，所以本文又引入了泰尔指数。干春晖等对泰尔指数进行了重新定义①，即：

$$T_L = \sum_{i=1}^{n} \left(\frac{Y_i}{Y} \right) \ln \left(\frac{Y_i}{L_i} / \frac{Y}{L} \right)$$

新定义的泰尔指数在克服产业结构偏离度缺点的同时，保留了结构偏离度的理论基础和经济含义。与产业结构偏离度指标相同，泰尔指数越接近零，代表产业结构和就业结构越协调；越偏离零，则代表越偏离均衡状态，产业结构越不合理。

① 干春晖、郑若谷、余典范：《中国产业结构变迁对经济增长和波动的影响》，《经济研究》2011 年第 5 期。

另外，还有部分学者通过构建综合指标体系来衡量产业结构合理化水平。邬义钧、邱钧建立了包含5个一级指标以及16个二级指标的指标体系来对产业结构合理化水平进行定量分析。[①] 汪传旭、刘大镕运用投入产出法建立了产业结构合理化的定量分析模型。[②] 王林生、梅洪常从定性和定量两个角度考虑，运用结构效益评价法、消耗系数评价法和偏离系数评价法来衡量产业结构合理化水平。[③] 田尧、杨坚争在偏离系数评价法的基础上对劳动投入要素、资本投入要素以及综合平均产量偏离系数进行了定量表示。[④]

在海洋产业结构合理化测度方面，于美香、赵飞在借鉴田尧、杨坚争研究[⑤]的基础上，采用劳动要素的偏离系数对海洋产业结构合理化进行测度[⑥]。杨坚对山东省海洋产业转型升级进行分析，并选取产业比例分析法来测算海洋产业结构合理化水平，它的原理是通过辨别各产业间的比例关系与平衡状态的差异来评价产业结构的合理化水平。[⑦] 周峰在进行青岛市海洋产业结构优化测度时，选取了海洋产业结构合理化指标，并对其包含的二级指标进行分析。[⑧] 李顺德在研究海洋产业结构升级对海洋经济的影响的过程中，采用

① 邬义钧、邱钧主编《产业经济学》，中国统计出版社，2001，第102~106页。

② 汪传旭、刘大镕：《产业结构合理化的定量分析模型》，《技术经济》2002年第4期。

③ 王林生、梅洪常：《产业结构合理化评价体系研究》，《工业技术经济》2011年第4期。

④ 田尧、杨坚争：《对外直接投资与我国产业结构合理化相互关系的实证研究》，《中南大学学报》（社会科学版）2012年第5期。

⑤ 田尧、杨坚争：《对外直接投资与我国产业结构合理化相互关系的实证研究》，《中南大学学报》（社会科学版）2012年第5期。

⑥ 于美香、赵飞：《中国海洋产业结构优化升级与海洋经济关系实证研究》，《海洋经济》2015年第6期。

⑦ 杨坚：《山东海洋产业转型升级研究》，硕士学位论文，兰州大学，2013，第58页。

⑧ 周峰：《青岛市海洋产业结构优化研究》，硕士学位论文，中国石油大学（华东），2015，第16~18页。

经过改进的泰尔指数对海洋产业结构合理化水平进行测度。①

2. 海洋产业结构高度化

部分学者通过构建单一指标来测度产业结构高度化。宋锦剑提出用工业加工程度指标和技术密集型集约化程度指标对产业结构高度化水平进行测度。② 邬义钧采用产业高加工化系数作为产业结构升级的单一测度指标，具体利用深加工、高新技术和高资本含量的产业增加值占制造业的比重来计算，但是该指标只适合分析工业或制造业的产业结构情况，不能测度宏观经济的整体产业结构优化效果。③ 叶文显、刘林初提出用产业结构高度化指数对产业结构高度化水平进行定量测度。④ 刘伟、张立元指出产业结构高度化是一个动态过程，他们将产业结构高度化理解为产业间产出比例关系的变迁和劳动生产率的提升，并且提出把各产业的产出比例与劳动生产率的乘积作为单一指标来反映产业结构高度化。⑤ 以刘伟、张立元提出的测度方法⑥为基础，不少学者对该测度方法进行改进，例如匡远配、唐文婷用标准化的劳动生产率替代实际劳动生产率进行测度⑦。

由于传统的度量方式无法反映信息化背景下经济结构的服务动

---

① 李顺德：《海洋产业结构升级对海洋经济的影响机制研究》，《四川水泥》2020 年第 5 期。

② 宋锦剑：《论产业结构优化升级的测度问题》，《当代经济科学》2000 年第 3 期。

③ 邬义钧：《我国产业结构优化升级的目标和效益评价方法》，《中南财经政法大学学报》2006 年第 6 期。

④ 叶文显、刘林初：《西安产业转型水平测度及其结构效应分析》，《数学的实践与认识》2017 年第 8 期。

⑤ 刘伟、张立元：《资源配置、产业结构与全要素生产率：基于真实经济周期模型的分析》，《经济理论与经济管理》2018 年第 9 期。

⑥ 刘伟、张立元：《资源配置、产业结构与全要素生产率：基于真实经济周期模型的分析》，《经济理论与经济管理》2018 年第 9 期。

⑦ 匡远配、唐文婷：《中国产业结构优化度的时序演变和区域差异分析》，《经济学家》2015 年第 9 期。

向[①]，所以在测度产业结构高度化的单一指标中，应用较为普遍的是干春晖等用第三产业与第二产业产值之比测算的产业结构高度化指数[②]。这一指数能够明确地展示产业结构是否朝着“服务化”的方向发展，故该指标得到广泛的认可与应用。产业结构高度化指数越大则意味着产业结构越高级。

还有部分学者采用综合指标来测度产业结构高度化水平。范艳丽等将经过三次产业“三合一”折算后形成的变量作为因变量来构造函数，然后利用函数对产业结构高度化水平进行测度。[③] 李慧、平芳芳选取技术、资产、劳动力和产出四个指标，并采用层次分析法对各个指标赋予权重，对装备制造业产业结构的高度化水平进行具体测量。[④]

在海洋产业结构高度化测度方面，于美香、赵飞在借鉴范艳丽等研究[⑤]的基础上，构造 D 函数来测度产业结构高度化水平[⑥]，D 函数的计算公式为：

$$D = c/[(5 - b)^2 + 0.5]$$

其中，$b = \frac{第二产业产值}{第一产业产值}$，$c = \frac{第三产业产值}{第一产业产值}$，$D$ 值的大小跟产业结构高度化水平成正比。

杨坚用产业结构高度化指数来直观反映海洋产业结构高度化情

---

① 吴敬琏：《促进制造业的“服务化”》，《中国制造业信息化》2008 年第 22 期。

② 干春晖、郑若谷、余典范：《中国产业结构变迁对经济增长和波动的影响》，《经济研究》2011 年第 5 期。

③ 范艳丽、张爱国、张贤付：《产业结构高度化水平的定量测定》，《安徽师范大学学报》（自然科学版）2008 年第 1 期。

④ 李慧、平芳芳：《装备制造业产业结构升级程度测量》，《中国科技论坛》2017 年第 2 期。

⑤ 范艳丽、张爱国、张贤付：《产业结构高度化水平的定量测定》，《安徽师范大学学报》（自然科学版）2008 年第 1 期。

⑥ 于美香、赵飞：《中国海洋产业结构优化升级与海洋经济关系实证研究》，《海洋经济》2015 年第 6 期。

况。[①] 其计算公式为：

$$H = \sum_{i=1}^{3} k_i \times h_i$$

其中，海洋产业结构高度化指数用 H 来表示，它的取值范围为 1 ~ 3；k_i是第 i 产业的产业高度值，第一、第二、第三产业的产业高度值分别为 1、2、3；h_i表示第 i 产业增加值在海洋生产总值中所占的比重。

周峰通过选取包括第三产业与第一产业比重、新兴产业比重、海洋科技贡献率在内的指标，对青岛市海洋产业结构高度化水平进行测度。[②] 徐亚军在分析金融结构对海洋产业结构升级的溢出效应时，通过利用干春晖等提出的产业结构高度化指数[③]来测度海洋产业结构高度化水平[④]。

四　海洋产业转型升级的路径

产业转型升级路径的研究所涉及的产业范围非常广泛，农业、工业、服务业、海洋产业等都在研究范围内。例如，闫佳、钟无涯以制造业为例，从全球价值链、动态能力理论以及核心竞争能力理论三个层面讨论了产业转型升级的具体路径，并且提出了促进产业转型升级的策略。[⑤] 杜朝晖指出，中国传统产业转型升级的路径包

---

① 杨坚：《山东海洋产业转型升级研究》，硕士学位论文，兰州大学，2013，第 58 页。

② 周峰：《青岛市海洋产业结构优化研究》，硕士学位论文，中国石油大学（华东），2015，第 16 ~ 18 页。

③ 干春晖、郑若谷、余典范：《中国产业结构变迁对经济增长和波动的影响》，《经济研究》2011 年第 5 期。

④ 徐亚军：《金融结构对海洋产业结构升级的溢出效应分析》，《山西农经》2020 年第 3 期。

⑤ 闫佳、钟无涯：《产业转型升级辨析及其路径与策略研究》，《市场周刊》2018 年第 10 期。

括创新生产方式和组织模式、推动传统产业组织调整和集群创新、增强传统产业的竞争优势、促进产业融合发展、促进传统产业技术创新和设备改造、重塑传统产业的核心竞争力等。① 目前，学者们在产业转型升级路径方面的研究思路大多是在确定影响因素的基础上，研究某个动力因素驱动下的相应产业的转型升级路径。魏学文从创新驱动角度出发，研究发现，创新驱动资源型产业转型升级的路径是科学合理地选择替代产业、发展战略性新兴产业、构建科技型产业集群、发展循环经济，从而实现绿色可持续发展，助推传统产业改造。② 叶俊等研究了以银行业金融机构绿色信贷为代表的绿色金融支持产业转型升级的路径，并且提出了进一步推进绿色信贷发展的若干建议。③ 肖兴志、李少林实证研究了环境规制强度对产业转型升级路径的影响，动态面板估计结果表明，中国总体环境规制强度会对产业转型升级的方向和路径产生影响。④ 刘少和、桂拉旦基于产业集聚理论，对旅游产业集聚路径和动力进行了规范分析和经验总结。⑤

在海洋产业转型升级路径方面，朱念、朱芳阳认为，各国在实现海洋产业转型升级的过程中，选择的路径包括产业生态化、产业集聚化、产业园区化、产业融合化等。⑥ 杨坚研究了山东省海洋产

① 杜朝晖：《经济新常态下我国传统产业转型升级的原则与路径》，《经济纵横》2017 年第 5 期。

② 魏学文：《创新驱动资源型产业转型升级的作用机理及路径研究》，《现代营销》（下旬刊）2020 年第 4 期。

③ 叶俊、程栋、徐康康：《绿色金融支持传统产业转型升级的政策研究及路径分析——以浙江省衢州市为例》，《绿色中国》2017 年第 20 期。

④ 肖兴志、李少林：《环境规制对产业升级路径的动态影响研究》，《经济理论与经济管理》2013 年第 6 期。

⑤ 刘少和、桂拉旦：《区域旅游产业集聚化转型升级发展路径及其动力机制研究》，《西藏大学学报》（社会科学版）2014 年第 4 期。

⑥ 朱念、朱芳阳：《北部湾经济区海洋产业转型升级对策探析》，《海洋经济》2011 年第 6 期。

业转型升级的路径，认为山东省要想实现海洋产业的转型升级，应该重点发展海洋交通运输和滨海旅游业这两个海洋主导产业，同时要构造以青岛、威海、烟台等沿海城市为中心，以周边产业为纽带的价值链。① 李霞以浙江省的舟山群岛为研究对象，提出了海洋主导产业的转型升级路径，从产业自身角度来说，主要包括提高产业集聚程度、突出发展重点、拓宽融资渠道等；从政府角度来说，主要包括给予资金支持、加大海洋研发投入力度、鼓励科技创新等。②王佳指出了中国广东省海洋渔业转型发展的实施路径，主要包括创新驱动发展和现代生态渔业转型两方面。③

五　总结与展望

（一）海洋产业转型升级的研究成果评述

通过本文的研究可以发现，学术界在海洋产业转型升级方面的研究取得了较多的成果。

第一，学者们在产业定义的基础上给出了海洋产业的定义，并进一步对海洋产业转型升级的内涵进行界定，这为后续海洋产业转型升级各方面的研究提供了扎实的理论基础。

第二，学者们对海洋产业转型升级的动力因素进行了分析，并且分别从理论和实践角度对技术创新、金融支持、环境规制、产业集聚、经济发展水平等动力因素与海洋产业转型升级之间的关系进行了分析和检验。

第三，学者们从过程和效果两个角度初步建立了海洋产业转型

---

① 杨坚：《山东海洋产业转型升级研究》，硕士学位论文，兰州大学，2013，第 58 页。

② 李霞：《新区背景下的舟山海洋主导产业转型升级研究》，硕士学位论文，浙江海洋学院，2014，第 25 ~ 30 页。

③ 王佳：《创新驱动背景下广东省海洋渔业转型发展及实施路径研究》，硕士学位论文，广东海洋大学，2018，第 32 ~ 33 页。

升级的测度体系，并且利用测度指标从实证上对海洋产业转型升级水平进行了测度。

第四，在影响因素分析的基础上，学者们初步提出了海洋产业转型升级的路径，并且提出了促进海洋产业转型升级的对策建议，这有利于海洋产业转型升级的顺利进行。

尽管有关海洋产业转型升级的研究已经取得了一定成果，但是在研究过程中还存在一些不足。

第一，现有对海洋产业转型升级的研究多是直接借鉴陆域产业的相关成果，未能充分考虑海洋产业的特点，例如相比陆域产业，海洋产业对自然资源的依赖程度更高，以及海洋产业发展过程中与陆域产业的紧密衔接等。

第二，海洋产业转型升级路径的研究多是在对影响因素进行分析的基础上，直接提出相关的转型升级路径，缺乏对影响因素之间关系的深入分析，如影响因素之间的中介效应、调节效应等，因而难以对转型升级路径进行有效设计。

（二）未来的研究方向

未来对海洋产业转型升级的研究，可以从以下几个方面予以拓展。

第一，结合海洋产业的自身特点对海洋产业转型升级进行测度。例如，结合海洋资源的开发利用特点以及将海洋产业和陆域产业紧密联系起来，对其合理化和高度化水平进行测度。

第二，在考虑海洋产业转型升级影响因素之间关系的基础上，借鉴国外的经验，并结合中国的现实情况，对海洋产业转型升级的路径进行设计。

第三，结合当前的热点问题，分析其对海洋产业转型升级的影响，例如新冠肺炎疫情、中美贸易摩擦、“一带一路”建设等对海洋产业转型升级的影响。

Research Progress and Future Direction on Transformation and Upgrading of Marine Industry

Ji Jianyue[1,2], *Tang Ruomei*[1], *Xu Yao*[1]

(1. *School of Economics, Ocean University of China, Qingdao, Shandong, 266100, P. R. China*; 2. *Institute of Marine Development, Ocean University of China, Qingdao, Shandong, 266100, P. R. China*)

Abstract: The transformation and upgrading of marine industry is of great significance to the realization of the strategy of marine power. Based on the research of domestic and foreign scholars, this paper combs the concept of marine industry transformation and upgrading. This paper analyzes the dynamic factors of marine industry transformation and upgrading from the aspects of technological innovation, financial support, environmental regulation, industrial agglomeration and economic development level. This paper summarizes the measurement indicators of marine industry transformation and upgrading from two aspects of process and effect. The process angle starts with the direction and speed of industrial transformation and upgrading, and the effect angle considers the two aspects of industrial structure optimization and upgrading, namely, rationalization and upgrading of industrial structure. It also summarizes the path of marine industry transformation and upgrading, summarizes the progress and shortcomings of the existing marine industry transformation and upgrading research, and finally points out the future research direction.

Keywords: Marine Industry; Marine Power; Technology Innovation; Marine Finance; Marine Environment Regulation

（责任编辑：王学萱）

中国远洋渔业发展与国民收入增长的实证分析

陈　晔　蔡耀铃*

摘　要　经过30多年艰苦拼搏，中国远洋渔业取得辉煌成就，船队规模、捕捞能力、科研水平等已处于世界前列。远洋渔业具有较强带动效应，通过直接效应和间接效应带动其他产业发展，提升国民收入水平。本文创新性地采用1986～2017年的中国远洋捕捞量和国民总收入数据，进行协整检验和脉冲响应分析，发现远洋渔业发展是国民总收入的格兰杰因果原因，远洋渔业发展能够推动国民总收入增加，在短期内其影响为负，在第4期后，其正面效应逐渐显现。本文建议从战略高度认识远洋渔业的重要性，注重科技创新，提高从业人员素质。

关键词　远洋渔业　国民收入　远洋捕捞量　协整检验　脉冲响应分析

* 陈晔（1983～），男，博士，复旦大学经济学院理论经济学博士后，上海海洋大学经济管理学院副教授，主要研究领域为海洋经济及文化；蔡耀铃（1997～），女，上海海洋大学经济管理学院本科生，主要研究领域为海洋经济及文化。

一　引言

远洋渔业指本国公民、法人或其他组织到他国管辖海域或公海从事海洋捕捞以及与之配套的渔业活动。根据作业海域，远洋渔业分为过洋性渔业和大洋性渔业。① 1985 年 3 月，中国历史上第一支远洋渔业船队，由中国水产总公司的 13 艘渔船和 223 名船员组成，从福建马尾港出发，远航万里，抵达非洲，与几内亚比绍等国开展合作，中国远洋渔业事业从此开始。② 经过 30 多年艰苦拼搏，中国远洋渔业取得辉煌成就，船队规模、捕捞能力、科研水平等已处于世界前列。

远洋渔业围绕海上捕捞作业，涉及众多行业，可以带动及促进一系列相关产业的发展，如渔船的建造、维修及更新，渔港码头、冷库等基础设施的建设及维护，还涉及鱼货的加工、贸易、物流等诸多环节，具有较强带动效应。

新中国成立以来，尤其是改革开放以来，中国经济持续快速增长，国际地位和影响力不断提升③，其中自然不乏远洋渔业的作用。但是到目前为止，尚无涉及远洋渔业与国民收入之间关系的实证研究，本文在该领域具有一定的创新意义。

二　文献综述

中国远洋渔业研究始于 20 世纪 80 年代初，最初以探讨中国远洋渔业发展潜力以及总结其他国家（或地区）远洋渔业发展经验为

---

① 秦宏、孟繁宇：《我国远洋渔业产业发展的影响因素研究——基于修正的钻石模型》，《经济问题》2015 年第 9 期。

② 刘身利：《我国远洋渔业的发展成就回顾与未来发展展望》，《中国渔业报》2019 年 10 月 28 日，第 2 版。

③ 宁婧：《献礼 70 周年中国经济发展成就瞩目》，《中国产经新闻》2019 年 9 月 28 日，第 2 版。

主。近年来，相关研究逐步深入，有全国性研究、地区性研究、企业性研究以及具体鱼货种类研究。较具代表性的全国性研究有：Mallory 研究认为，缓解资源衰退和解决传统渔民就业问题是中国发展远洋渔业的根本动因①；Shen 和 Heino 对中国海洋渔业管理措施进行了梳理②；韦有周等指出了中国发展远洋渔业与“一带一路”的关系③；向清华基于全球生产网络理论，从全球、国家和地方三个不同空间尺度透视远洋渔业生产网络的结构及空间治理④；秦宏、孟繁宇借鉴波特钻石模型，对中国远洋渔业发展的影响因素进行详细分析⑤；岳冬冬等指出捕捞能力与渔场资源等是中国远洋渔业发展面临的突出问题⑥；张溢卓对明治时期以来日本远洋渔船业发展的升级路径进行研究，为中国远洋渔船业发展提供了借鉴⑦；高小玲等通过问卷调查对中国远洋渔业竞争力的影响因素进行研究⑧；陈晔、戴昊悦对中国远洋渔业发展的历程及其特征进行归纳和总结⑨。较具代表性的地区性研究有：张妙毅等对舟山远洋渔业发展

---

① T. G. Mallory, “China’s Distant Water Fishing Industry: Evolving Policies and Implications,” *Marine Policy* 38(2013): 99 - 108.

② G. Shen, M. Heino, “An Overview of Marine Fisheries Management in China,” *Marine Policy* 44(2014): 265 - 272.

③ 韦有周、赵锐、林香红：《建设“海上丝绸之路”背景下我国远洋渔业发展路径研究》，《现代经济探讨》2014 年第 7 期。

④ 向清华：《不同空间尺度的远洋渔业生产网络研究》，经济科学出版社，2014，第 20 ~ 24 页。

⑤ 秦宏、孟繁宇：《我国远洋渔业产业发展的影响因素研究——基于修正的钻石模型》，《经济问题》2015 年第 9 期。

⑥ 岳冬冬、王鲁民、黄洪亮等：《我国远洋渔业发展对策研究》，《中国农业科技导报》2016 年第 2 期。

⑦ 张溢卓：《明治时期以来日本远洋渔船业发展变化分析》，《中国农业大学学报》2018 年第 8 期。

⑧ 高小玲、龚玲、张效莉：《全球价值链视角下我国远洋渔业国际竞争力影响因素研究》，《海洋经济》2018 年第 6 期。

⑨ 陈晔、戴昊悦：《中国远洋渔业发展历程及其特征》，《海洋开发与管理》2019 年第 3 期。

路径进行研究。[①] 较具代表性的企业性研究有：Charles 和 Yang 建立远洋渔业企业国际化发展模型[②]；Arbo 和 Hersoug 对芬兰渔业企业的国际化战略进行研究[③]；陈晔对中国远洋渔业企业对外直接投资的动因进行研究[④]。较具代表性的具体鱼货种类研究有：陈新军对世界头足类资源开发现状及中国远洋鱿钓渔业发展对策进行研究[⑤]。

三　影响机制

远洋渔业围绕海上捕捞作业，是一项综合性产业，涉及众多行业，包括捕捞作业所需物资供应、机械仪器制造、渔港建设等，已形成一条集生产、供应、加工、销售、贸易、流通、造修、运输等于一体的产业链。远洋渔业发展主要通过直接效应和间接效应对国内其他产业产生影响，进而影响国民收入。

（一）直接效应

远洋渔业发展涉及很多具体环节，包括远洋渔船、渔具装备、远洋基地、渔业码头、加工厂、冷库等的建设、建造、维修和更新，需要消耗大量社会劳动力。以鱿钓渔业为例，作为中国远洋渔业单个种类捕捞量最高的产业，其中约 3/4 的捕捞量是以国外原料进口、加工后再出口的方式发展，但无论是内销还是出口都为各环

① 张妙毅、王芬、谷芝杰：《基于 SWOT 分析的舟山市远洋渔业发展路径》，《海洋开发与管理》2019 年第 8 期。

② A. T. Charles, C. W. Yang, "A Strategic Planning Model for Fisheries Development," *Fisheries Research* 10(1991): 287 - 307.

③ P. Arbo, B. Hersoug, "The Globalization of the Fishing Industry and the Case of Finnmark," *Marine Policy* 21(1997): 121 - 142.

④ 陈晔：《我国远洋渔业企业对外直接投资研究》，《海洋开发与管理》2018 年第 3 期。

⑤ 陈新军：《世界头足类资源开发现状及我国远洋鱿钓渔业发展对策》，《上海海洋大学学报》2019 年第 3 期。

节中涉及的生产企业和部门带来了直接效益。①

（二）间接效应

远洋渔业带动效应较强，具有重要战略意义。以远洋渔船建造为例，根据相关研究结果，渔船建造的感应度系数为3.13，在18个产业中排第一；影响力系数为1.20，在18个产业中排第二；波及效应为3.495。② 建造一艘长度为115米的大型拖网加工船，能够带动相关产业部门10亿元的总产出，同时还能推动船舶动力机械等配套产业的技术进步，并促进物流、冷藏、储运产业等的同步发展，对区域经济有积极的带动作用。

四 实证模型

本文以1986~2017年中国远洋渔业捕捞量和国民总收入为样本，在协整检验（Cointegration Test）的基础上，通过格兰杰因果关系检验（Granger Causality Test）以及脉冲响应分析（Impulse Response Analysis），分析远洋渔业发展（用远洋捕捞量来反映）与国民总收入的关系，揭示两者之间的因果以及动态定量关系。

格兰杰因果关系检验常被用于判断两序列之间的因果关系，在进行格兰杰因果关系检验前，首先进行协整检验以判断序列的平稳性。

（一）EG两步法协整检验

假定 $\{x_i\}$，…，$\{x_k\}$ 为自变量序列，$\{y_t\}$ 为因变量序列，构造如下回归模型：

---

① 岳冬冬、王鲁民、郑汉丰、唐峰华、张寒野：《中国远洋鱿钓渔业发展现状与技术展望》，《资源科学》2014年第8期。

② 季晓南、刘身利：《把远洋渔业作为一项战略产业加以扶持》，《中国国情国力》2010年第9期。

$$y_t = \beta_0 + \sum_{i=1}^{k} \beta_i x_{it} + \varepsilon_t$$

其中，β_0，β_1，…，β_k 为待估参数；ε_t 为残差。

首先判断残差序列 $\{\varepsilon_t\}$ 的平稳性。

步骤 1，构建序列间回归模型：

$y_t = \hat{\beta}_0 + \hat{\beta}_1 x_{1t} + \cdots + \hat{\beta}_k x_{kt} + \varepsilon_t$，$\hat{\beta}_k$是通过最小二乘法估计所得的参数值。

步骤 2，检验步骤 1 所得到的残差序列 $\{\varepsilon_t\}$ 的平稳性。残差序列 $\{\varepsilon_t\}$ 如果平稳，则存在协整关系；残差序列 $\{\varepsilon_t\}$ 如果不平稳，则不存在协整关系。

（二）ADF 检验

试用 ADF 检验法检验残差序列 $\{\varepsilon_t\}$ 的平稳性。

设任意 p 阶自回归模型 AR（p）的过程为：

$$x_t = \varphi_1 x_{t-1} + \cdots + \varphi_p x_{t-p} + \varepsilon_t \tag{1}$$

其中，φ 是自回归系数。将式（1）等价变形得：

$$\Delta x_t = \rho x_{t-1} + \beta_1 \Delta x_{t-1} + \cdots + \beta_{p-1} \Delta x_{t-p+1} + \varepsilon_t \tag{2}$$

其中，$\rho = \varphi_1 + \varphi_2 + \cdots + \varphi_p - 1$；$\beta_j = -\varphi_{i+1} - \varphi_{i+2} - \cdots - \varphi_p$，$j = 1, 2, \cdots, p-1$。如果序列 $\{\varepsilon_t\}$ 不平稳，则至少存在一个单位根，那么有 $\varphi_1 + \varphi_2 + \cdots + \varphi_p = 1$，等价于 $\rho = 0$；如果序列 $\{\varepsilon_t\}$ 是平稳序列，则 $\varphi_1 + \varphi_2 + \cdots + \varphi_p < 1$，等价于 $\rho < 0$。根据序列 $\{\varepsilon_t\}$ 的单位根检验的假设条件（原假设 H_0：$\rho = 0$，备择假设 H_1：$\rho < 0$），构造 ADF 检验统计量 $\tau = \frac{\rho}{S(\hat{\rho})}$，$S(\hat{\rho})$ 是参数 ρ 的样本标准差。

（三）VAR 模型

VAR 模型为多方程模型分析法，常用于分析及预测相互联系的多变量时间序列系统，对经济冲击对经济变量的影响进行解释。在 VAR 模型中，假定有 k 个变量，滞后阶数是 p，则 p 阶结构向量的自回归模型为：

$$BX_t = \Gamma_0 + \Gamma_1 X_{t-1} + \Gamma_2 X_{t-2} + \cdots + \Gamma_p X_{t-p} + \mu_t \tag{3}$$

其中：

$$B = \begin{bmatrix} 1, & b_{12}, & \cdots, & b_{1k} \\ b_{2k}, & 1, & \cdots, & b_{2k} \\ \vdots & \vdots & \vdots & \vdots \\ b_{k1}, & b_{k2}, & \cdots, & 1 \end{bmatrix}; X_t = \begin{bmatrix} x_{1t} \\ x_{2t} \\ \vdots \\ x_{kt} \end{bmatrix}; \Gamma_0 = \begin{bmatrix} b_{10} \\ b_{20} \\ \vdots \\ b_{k0} \end{bmatrix}$$

$$\Gamma_i = \begin{bmatrix} r_{11}^{(i)}, & r_{12}^{(i)}, & \cdots, & r_{1k}^{(i)} \\ r_{21}^{(i)}, & r_{22}^{(i)}, & \cdots, & r_{2k}^{(i)} \\ \vdots & \vdots & \vdots & \vdots \\ r_{k1}^{(i)}, & r_{k2}^{(i)}, & \cdots, & r_{kk}^{(i)} \end{bmatrix}; \mu_0 = \begin{bmatrix} \mu_{1t} \\ \mu_{2t} \\ \vdots \\ \mu_{kt} \end{bmatrix}$$

其中，B 是主对角线元素为 1 的矩阵；$k \times k$ 维矩阵 Γ_0，…，Γ_p 为待估计的系数矩阵；μ_t 是 k 维扰动列向量；$i = 1, 2, \cdots, p$；X_i 为内生变量向量；Γ_i 为滞后 i 期的前定内生变量向量 X_{t-i} 的系数矩阵。

把式（3）左侧乘 B^{-1} 得到 p 阶向量自回归模型的简约式，得到标准向量回归模型：

$$X_t = A_0 + A_1 X_{t-1} + A_2 X_{t-2} + \cdots + A_p X_{t-p} + e_t \tag{4}$$

其中，$A_0 = B^{-1}\Gamma_0$；$A_i = B^{-1}\Gamma_i$，$i = 1, 2, \cdots, p$；$e_t = B^{-1}\mu_t$。

五　实证数据及结果

从 1949 年至今，我国远洋渔业经历了空白期、积极筹备期、起步期、快速发展期、调整期以及优化期六个发展阶段。① 中国远洋捕捞量从 1985 年的 19894 吨逐渐增长到 2017 年的 2086200 吨（见

① 陈晔、戴昊悦：《中国远洋渔业发展历程及其特征》，《海洋开发与管理》2019 年第 3 期。

图 1）。新中国成立后，尤其是改革开放以来，中国经济持续快速增长，国民总收入从 1985 年的 9123.6 亿元增长至 2017 年的 818461 亿元（见图 2）。

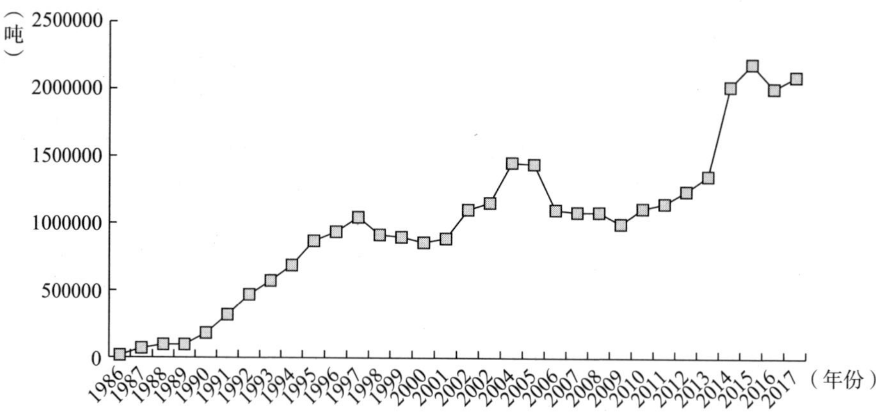

图 1　1986～2017 年中国远洋捕捞量

资料来源：历年《中国渔业统计年鉴》。

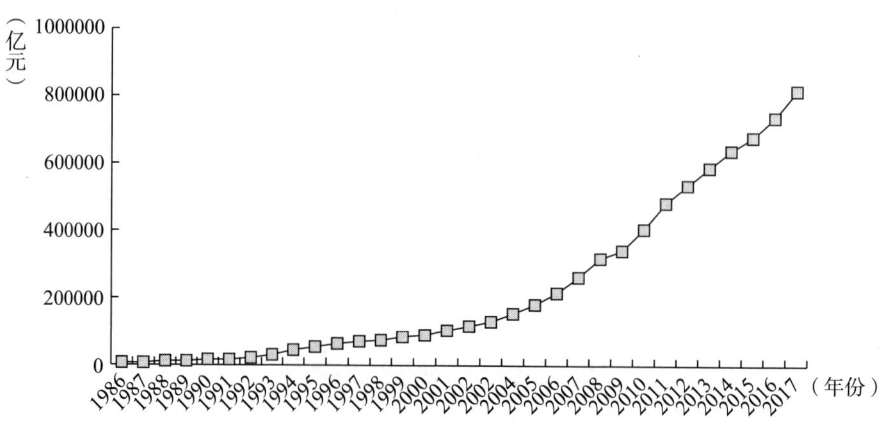

图 2　1986～2017 年中国国民总收入

资料来源：国家统计局网站。

（一）ADF 检验

本文将利用 ADF 检验法对远洋捕捞量（*capture*）序列和国民总收入（*income*）序列以及差分后的序列进行检验，具体结果见表 1。

表 1 ADF 检验结果

变量	ADF 统计量	1% 临界值	5% 临界值	10% 临界值	结论
远洋捕捞量	-1.861225	-4.284580	-3.562882	-3.215267	不平稳
国民总收入	0.970606	-4.296729	-3.568379	-3.218382	不平稳
Δ（远洋捕捞量）	-4.344161	-4.296729	-3.568379	-3.218382	平稳
Δ（国民总收入）	-2.889427	-4.296729	-3.568379	-3.218382	不平稳
Δ^2（远洋捕捞量）	-6.358989	-4.323979	-3.580623	-3.225334	平稳
Δ^2（国民总收入）	-6.695372	-4.323979	-3.580623	-3.225334	平稳

由表 1 可知，远洋捕捞量与国民总收入均不平稳，是非平稳的时间序列。对其进行一阶差分可以发现，远洋捕捞量是平稳的时间序列，而国民总收入是非平稳的时间序列，而对其进行二阶差分后可得，两者均是平稳的时间序列。

（二）格兰杰因果关系检验

为了进一步判断远洋捕捞量与国民总收入之间的格兰杰因果关系，对远洋捕捞量与国民总收入进一步采取格兰杰因果关系检验，结果见表 2。

表 2 格兰杰因果关系检验结果

零假设	滞后期	p 值
国民总收入→远洋捕捞量	2	0.0652
远洋捕捞量→国民总收入	2	0.0026
国民总收入→远洋捕捞量	4	0.0654
远洋捕捞量→国民总收入	4	0.0041

在 5% 的置信水平下，不论是滞后 2 期还是滞后 4 期，国民总收入都不是远洋捕捞量的格兰杰因果原因。在 5% 的置信水平下，滞后 2 期和滞后 4 期的远洋捕捞量都是国民总收入的格兰杰因果原因。

（三）脉冲响应分析

图 3 为上述函数 VAR 模型，由单位圆检验结果可以发现，所有的特征根基本都落在单位圆内，说明 VAR 模型基本稳定。

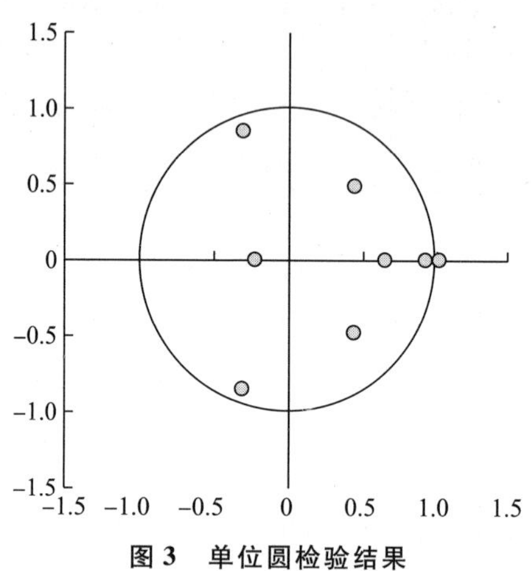

图 3　单位圆检验结果

图 4 为脉冲响应结果，展现了某个冲击对不同变量在各个时期的影响效果。图 4 左下部分是远洋捕捞量每增加一个标准差时，对国民总收入的脉冲响应，实线表示冲击后经济增长的走势情况，两侧虚线为两倍标准差。由此可见，当国民总收入受到远洋捕捞量的一个正向冲击后，在短期内经济增长为负，在第 4 期后会逐渐增加。这说明受到远洋捕捞量的正向冲击后，短期内国民总收入会减少，但在长期内仍会增加。

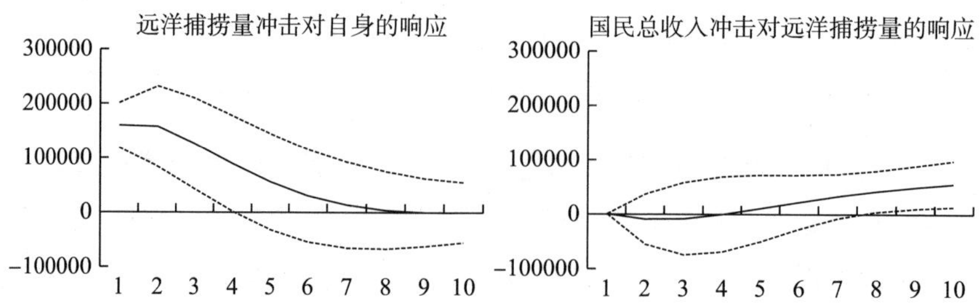

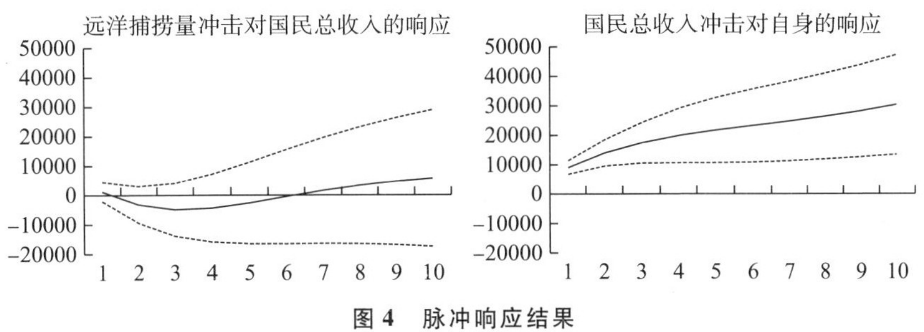

图 4　脉冲响应结果

六　结论

本文对远洋渔业发展和国民总收入进行协整检验。从格兰杰因果关系检验结果可以看出，远洋渔业发展为国民总收入的格兰杰因果原因；换言之，远洋渔业发展能推动国民总收入的增加，带来经济效益，因而本文提出如下政策建议。

（一）从战略高度认识远洋渔业的重要性

大力发展远洋渔业对于维护中国海洋权益有着十分重要的意义。① 远洋渔业具有很强的外部性，政府部门应该继续出台相应扶持政策，继续为远洋渔业提供良好的发展环境，助力远洋渔业可持续发展。

（二）注重科技创新

中国远洋渔业装备落后，企业组织化程度较低，整体上还存在诸多问题，比如远洋渔船与国际先进水平之间存在差距；装备水平相对较低，设备安全性较差；远洋渔业产业发展定位依然处于低端；远洋渔业合作方式单一，组织化程度低。② 中国独立研发能力

---

① 陈晔：《海洋渔业与海洋强国战略》，《中国海洋社会学研究》2017 年第 1 期。

② 孙瑞杰、曹英志、杨潇、刘佳、羊志洪：《我国海洋渔业发展战略研究》，《宏观经济管理》2015 年第 6 期。

较弱，因此应特别注重科技创新，加快提升远洋渔船装备制造业自主研发水平，同时加强相关领域基础设施建设和基础共性技术研究。

（三）提高从业人员素质

中国远洋渔业从业人员专业素质与发达国家相比还存在一定差距。要正确认识专业人员在远洋渔业发展中的重要作用，提高其职业技能水平，促进规范化发展，培育专业化人才团队。①

An Empirical Analysis of the Development of China's Deep Sea Fishing Industry and National Income Growth

Chen Ye[1,2], *Cai Yaoling*[2]

(1. School of Economics, Fudan University, Shanghai, 200433, P. R. China; 2. School of Economics and Management, Shanghai Ocean University, Shanghai, 201306, P. R. China)

Abstract: After more than 30 years of hard work, China's deep sea fishing industry has achieved brilliant achievements, such as, the scale of fishing vessels, fishing capacity, and scientific research level have ranked among the top in the world. Deep sea fishing industry has a strong driving effect. Through direct and indirect effects, it can promote the growth of other industries and raise the level of national income. The article innovatively undergoes cointegration test and impulse response analysis, using the data of China's deep sea fishing industry and gross national income from 1986 to 2017. It found that the development of deep sea fish-

① 刘恋：《我国远洋渔业提升发展研究》，《农村经济与科技》2017 年第 11 期。

ing industry was the Granger Causal cause of gross national income. The development of deep sea fishing industry can promote the increase of gross national income. In the near future, the impact was negative, after the 4th phase its impact became positive. It is recommended to recognize the importance of deep sea fishing industry from a strategic perspective, pay more attention to scientific and technological innovation, strengthen the training of relevant personnel, and continuously improve their professional quality.

Keywords: Deep Sea Fishing Industry; National Income; Deep Sea Fishing Quantity; Cointegration Test; Impulse Response Analysis

（责任编辑：王苧萱）

中国海洋渔业发展对产业结构演进的影响效应研究*

——来自PVAR、IRF和FEVD的实证检验

王　波　张红智**

摘　要　产业结构是推动经济发展的重要因素，反之经济发展能推动产业结构演进吗？基于此，本文分析判断了海洋渔业发展对海洋渔业产业结构演进的作用关系。结果显示：海洋渔业经济发展与海洋渔业产业结构演进存在协整关系，海洋渔业经济增长率、经济波动与经济发展质量能够对海洋渔业产业结构演进产生影响，海洋渔业在产业结构上具有自我调整功能。同时，海洋渔业经济增长率、经济波动和经济发展质量对海洋渔业产业结构高级化和合理化演进的影响具有显著差异，主要表现为影响海洋渔业产业结构高级化和合理化演进的主要因素不同，即海洋渔业经济发展质量是影响海洋渔业产业结构高级化演进的主要因素，海洋渔业经济波动是影响海洋渔业产业结构合理化演进的主要因素。

* 本文为广西自然科学基金青年项目（项目编号：2018GXNSFBA050010）、广西重点研发计划（项目编号：桂科AB1850023）中间成果。

** 王波（1988～），男，博士，烟台大学经济管理学院讲师，主要研究领域为海洋经济、海洋渔业与产业结构；张红智（1977～），女，博士后，通讯作者，山东外贸职业学院教授，主要研究领域为渔业经济与管理、海洋经济。

关键词 海洋渔业经济 产业结构演进 面板向量自回归模型 脉冲响应 方差分解

引　言

建设现代化渔业强国是新时期中国渔业经济发展的战略目标，该目标的实现需要进一步深化渔业改革开放，创新体制机制，加快推进渔业经济高质量发展。近年来，中国海洋渔业经历了由注重数量增长到注重质量提升的过程，发展目标和理念的转变引起了发展方式的改变，转变经济发展方式的战略需求引起了海洋渔业产业结构的变动，推动了海洋渔业产业结构向高级化、合理化演进。尤其是在经济新旧动能转换的新时期，海洋渔业科技创新加快了产业间跨界融合，变革了海洋渔业生产方式，塑造出一批具有现代化特征的新兴产业，例如智慧渔业、现代渔业养殖农场、渔业田园综合体等，新业态的壮大在一定程度上可以优化升级产业结构。但海洋渔业经济对其产业结构演进的具体作用关系还需深入分析与验证。

一　文献综述

目前，有关经济发展与产业结构关系的研究，大部分集中在产业结构演进对经济发展的影响方面，在经济发展对产业结构演进的影响方面的研究相对较少。早期的经济学理论普遍认为经济增长推动了产业结构变迁，配第-克拉克定理阐释了人均 GNP 与人口变动的关系，认为随着人均 GNP 的增加，人口在三次产业中的比例关系会发生较大变化，呈现第一产业国民收入和劳动力比重的相对下降，第二、第三产业上升的趋势。[①] 随后，Hoffmann 专门研究了制造业主导产业转移的问题，认为人均收入是引起制造业主导产业更

① C. Clark, *The Conditions of Economic Progress*(London: Macmillan, 1940).

替的主要因素，人均收入的提高将推动制造业逐步由以轻工业为主导更替为以重工业为主导，引起制造业内部结构的变化。[①] Kuznets分析了经济增长与产业结构变动的关系，认为经济的持续增长会促进主导产业逐渐由第一产业转向第二、第三产业，引起产业结构形态发生较大变化。[②]

在国内，林毅夫等从要素禀赋与产业结构关系视角，分析了产业结构与经济增长的关系，认为产业结构是经济增长的结果而非原因。[③] 赵春艳认为，中国经济增长对产业结构变化的影响显著，但产业结构变化对经济增长的影响则不显著。[④] 刘竹林等以安徽省为例，采用格兰杰因果关系检验与协整检验进行分析，认为经济增长与产业结构变迁存在因果关系与协整关系，经济增长会引起产业结构变迁，并能推动产业结构的优化升级。[⑤] 李春生、张连城采用VAR模型分析了产业结构与经济增长的关系，认为产业结构与经济增长存在长期稳定关系；随后分析了经济增长对产业结构升级的影响，认为第三产业产值增长对产业结构优化升级具有较强的短期促进效应，而第二产业在推动产业结构优化升级过程中占据主导地位。[⑥] 宋宝琳等认为，从长期来看，经济增长可以促进产业结构升级。[⑦]

---

① W. G. Hoffmann, *The Growth of Industrial Economics*(London: Manchester University Press, 1958), pp. 20 – 30.

② S. Kuznets, *Economic Growth of Nations: Total Output and Production Structure*(Cambridge: Harvard University Press, 1971).

③ 林毅夫、蔡昉、李周：《中国经济转型时期的地区差距分析》，《经济研究》1998年第6期。

④ 赵春艳：《我国经济增长与产业结构演进关系的研究——基于面板数据模型的实证分析》，《数理统计与管理》2008年第3期。

⑤ 刘竹林、江伟、顾宁珑：《安徽省经济增长对产业结构变迁影响的实证分析》，《安徽工业大学学报》（社会科学版）2012年第3期。

⑥ 李春生、张连城：《我国经济增长与产业结构的互动关系研究—基于VAR模型的实证分析》，《工业技术经济》2015年第6期。

⑦ 宋宝琳、白士杰、郭媛：《经济增长、能源消耗与产业结构升级关系的实证分析》，《统计与决策》2018年第20期。

但也有学者持反对观点，例如朱慧明、韩玉启认为，产业结构优化升级能够促进经济增长，但是经济增长不能影响产业结构的变动。①

综观国内外研究可知，产业结构演进与经济增长实际上存在互为因果的关系，大部分学者认为经济增长会引起产业结构发生变化。现有研究主要集中在宏观经济领域中，鲜有涉足海洋渔业范畴。因此，本文从理论与实证角度出发，探索海洋渔业经济发展对海洋渔业产业结构高级化与合理化演进的影响，为有序推进海洋渔业供给侧结构性改革提供参考，保证海洋渔业经济高质量发展。

二　海洋渔业经济发展对其产业结构演进的影响机制

结合推拉理论，本文从内部经济发展需求与外部经济形势推动层面，重点剖析海洋渔业经济发展对其产业结构演进影响的内在机制。

（一）拉力分析：内部经济发展需求

1. 海洋渔业经济发展促进海洋渔业产业结构的形成

海洋渔业经济体系的形成得益于劳动力分工的细化与专业技能的提高。在发展初期，海洋渔业以依靠简单劳动工具谋生计的海洋捕捞为主。但是随着海洋渔业的发展，产业性质由最初以生计渔业为主转变为以商业渔业为主。为谋取更大的经济利润，海洋捕捞能力逐渐提高，海产品逐渐成为渔民改善生活的门路，此阶段海洋渔业产业结构以第一产业为主。然而，强大的海洋捕捞能力与连续的作业强度使近海海洋渔业资源日渐枯竭，无法满足市场的巨大需求。养殖技术的突破与渔具、渔船的创新推动了海洋渔业发展，具体体现在海洋渔业规模的扩大与市场消费半径的增加、海洋渔业劳

① 朱慧明、韩玉启：《产业结构与经济增长关系的实证分析》，《运筹与管理》2003 年第 2 期。

动力分工的逐步细化与专业技能范围的不断拓展等方面，从而引导生产要素由第一产业向第二、第三产业转移，促进了渔业机械等工业、流通仓储等服务业的发展，形成了第一、第二、第三产业同步发展的格局，第一产业的绝对优势逐渐减弱。随着经济的进一步发展，海洋渔业生产资料大量流向具有高生产率或高增长率的服务业，加快了海洋渔业第三产业的发展，产业结构呈现“第一、第三、第二产业”的序列特征，然而海洋渔业第一产业仍为主导产业。由此可以推出，海洋渔业的经济发展影响其产业结构形态的演变。

2. 海洋渔业经济发展需求的变化引起产业结构的演进

纵观海洋渔业发展历程，大部分生产资料集中在生产效率相对较低的第一产业，生产要素的低端锁定效应比较显著，对海洋渔业产业结构转型升级造成较大影响。如何突破生产要素的低端锁定，推动海洋渔业生产要素向第二、第三产业流动，进而优化产业结构，依赖于政府的宏观调控与发展需求的变化。同时，海洋渔业经济经历了快速发展时期，海产品总量达到历史最高水平，解决了海产品供不应求的问题。但是，传统的粗放型海洋渔业发展方式也带来了许多制约其可持续发展的问题，例如资源枯竭、生态破坏、水域污染、食品安全等严重制约了海洋渔业的持续绿色发展。为解决经济发展进程中出现的不可持续问题，要通过技术创新转变海洋渔业经济发展方式，加快海洋渔业新旧动能转换，倡导集约化发展。由此可以看出，内部经济发展需求成为推动海洋渔业经济结构演进的主要拉力，海洋渔业内部经济发展需求的改变取决于海洋渔业经济发展所处的阶段。海洋渔业内部经济发展需求与其产业结构演进的关系如图 1 所示。

3. 海洋渔业经济发展质量提升会加速其产业结构演进

海洋渔业始终处于动态发展过程中，其质量水平的提高会促进其产业结构的演进，根源在于科技创新是海洋渔业经济发展质量提升的内部因素。海洋渔业经济发展质量的提升意味着海洋渔业科技水平的提升，这会提高海洋渔业生产要素的边际效率，加速生产要

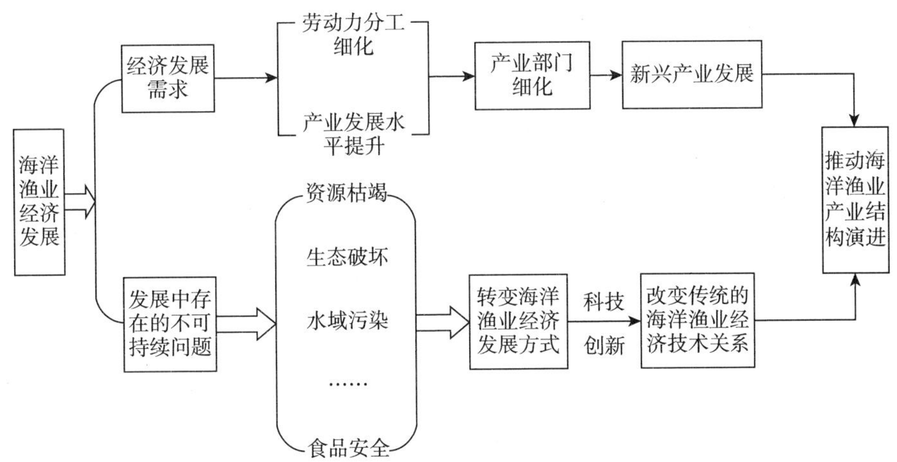

图 1　海洋渔业内部经济发展需求与其产业结构演进的关系

素流动，在一定程度上改变各产业之间的发展关系。同时，海洋渔业经济发展质量的提升依赖于渔业科技的突破，尤其是在海产品精深加工、渔业高端装备制造、冷链物流、资源养护等方面。这些技术的应用会加速海洋渔业第二、第三产业的发展，增加对经济资源的需求，吸引大量生产要素向渔业工业与建筑业、流通与服务业集聚，优化渔业资源配置结构和方式，为其产业结构向合理化、高级化与软化演进营造良好的产业环境。

（二）推力分析：外部经济形势推动

海洋渔业经济发展对产业结构演进的影响主要是通过发展政策、发展理念、发展需求的转变而实现的。近年来，受国际金融危机和国内经济体制改革的影响，中国经济逐步进入由高速增长转为中高速增长、结构优化升级、由要素驱动和投资驱动转向创新驱动的新常态。在新常态下，传统的以投资、出口为主要驱动的增长方式向更加强调质量、效益、创新的方式转变，更加注重生态、社会效益的提高与经济的可持续性。为避免中国经济陷入“中等收入陷阱”，中国共产党第十八届中央委员会第五次全体会议提出了“创新、协调、绿色、开放、共享”的五大发展理念，为新时期中国经济发展指明了方向；同时，政府提出了供给侧结构性改革的重大举措，为中国经济改革提供了正确的战略措施。这些经济（形势与政策）的变化为中国海洋渔业经济发展提供了新方向与指导。

图 2 反映了海洋渔业经济发展在经济变革下对自身产业结构演进的影响机制。海洋渔业与其他产业一样均面临着严峻的经济形势，迫使海洋渔业经济进行改革。随着居民收入的增加与生活水平的提高，人们对海产品的需求发生较大变化，新的市场需求结构与传统海洋渔业供给模式不协调，导致供给方因产品滞销产生大量海产品剩余、需求方的有效供给不足这两难困局。为保障海洋渔业经济运行的可持续性，要通过海洋渔业供给侧结构性改革，不断优化海洋渔业产业结构，推动海洋渔业产业结构由低级形态向高级形态转变，由不合理向合理化转变，推动海洋渔业经济的新旧能动转换。

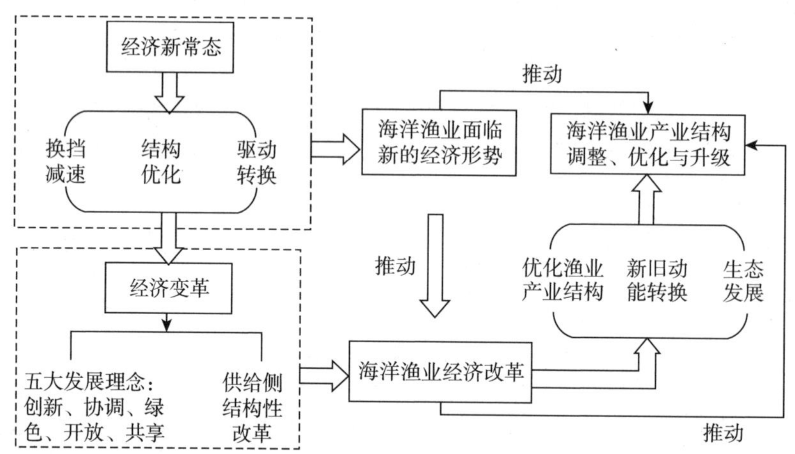

图 2　经济变革下海洋渔业经济发展对其产业结构演进的影响机制

三　实验设计

（一）模型选择

目前，大部分研究采用格兰杰因果关系检验、协整检验、VAR（向量自回归）模型、脉冲响应与方差分解等方法对经济发展与产

业结构演进进行计量分析。也有少部分学者，如刘竹林等采用钱纳里和赛尔奎因的相关模型对经济增长与产业结构变迁进行分析。①综合考虑研究方法的优缺点与研究样本的特征，本文选择面板协整检验、PVAR（面板向量自回归）模型、脉冲响应与方差分解等方法，探究海洋渔业经济发展对海洋渔业产业结构高级化、合理化演进的影响路径。

本文主要选择 PVAR 模型来检验海洋渔业经济发展对海洋渔业产业结构演进的影响路径。PVAR 模型是基于面板数据的特性对 VAR 模型的改进，最早由 Holtz-Eakin 等人在 1988 年提出来。在 VAR 模型的基础上，他们主要考虑了面板数据所具有的个体效应与时间效应②，并将其引入模型中，分别度量个体差异和不同界面受到的共同冲击。相较于 VAR 模型，PVAR 模型对样本数据统计分布特征的要求相对宽松，具有较强的稳健性。基于 PVAR 模型的一般形式，本文建立了海洋渔业经济发展对海洋渔业产业结构演进的模型 PVAR（q），具体模型形式如下：

$$Y_{i,t} = \alpha_0 + \sum_{j=1}^{q} \alpha_j Y_{i,t-j} + \mu_i + \varphi_{i,t} + \varepsilon_{i,t} \tag{1}$$

其中，$Y_{i,t}$包含海洋渔业产业结构高级化（$sadvance_{i,t}$）、合理化（$srationalize_{i,t}$）、海洋渔业经济增长率（$frgrowth_{i,t}$）、海洋渔业经济波动（$fluctuation_{i,t}$）与全要素生产率（$mftfp_{i,t}$）等变量，即 $Y_{i,t} = (sadvance_{i,t}\ srationalize_{i,t}\ frgrowth_{i,t}\ fluctuation_{i,t}\ mftfp_{i,t})^{T}$；$\alpha_0$ 为五维常数的列向量；$Y_{i,t-j}$为滞后 j 阶的五维变量矩阵；α_j 表示 $Y_{i,t-j}$的待估计系数矩阵；μ_i 表示个体固定效应；$\varphi_{i,t}$表示时间效应，能够客观反映自变量的时间趋势特征；$\varepsilon_{i,t}$表示残差项，i 表示地区，t 表示时间；j 表示滞后阶数，满足 $j \in [1, q]$。

① 刘竹林、江伟、顾宁珑：《安徽省经济增长对产业结构变迁影响的实证分析》，《安徽工业大学学报》（社会科学版）2012 年第 3 期。

② 郭彬、张朔阳：《基于 PVAR 模型的产业内部结构与城乡收入差距的实证分析》，《财政科学》2016 年第 4 期。

（二）变量设置与数据说明

1. 变量设置

本文所涉及的变量主要包括海洋渔业经济发展和海洋渔业产业结构。海洋渔业经济发展主要包括经济增长率、经济波动与经济发展质量三个指标。①海洋渔业经济增长率：按照环比增长率计算方法进行测算。②海洋渔业经济波动：采用 HP 滤波法测算 2003 ~ 2016 年中国海洋渔业经济波动情况，分离出长期演变趋势与短期波动特征，并采用短期波动值作为海洋渔业经济波动的衡量指标。③海洋渔业经济发展质量：采用海洋渔业全要素生产率间接衡量，利用 DEA-Malmquist 方法测算。在测算 Malmquist 指数前要合理、客观地选取经济投入产出指标，投入指标主要选择劳动力、资本、技术、渔船数量、海水养殖面积等，其中劳动力指标用海洋渔业从业人员年末人数衡量。

海洋渔业产业结构主要选取了产业结构高级化与合理化指标衡量。①海洋渔业产业结构高级化：采用 Moore 指数度量海洋渔业产业结构高级化程度，Moore 值越大，表明产业结构高级化水平越高。②海洋渔业产业结构合理化：采用结构熵间接度量海洋渔业产业结构的合理性，结构熵指数越大，说明产业之间的发展程度越协调，产业结构越合理。

2. 数据说明

鉴于样本数据的可获得性、一致性与有效性，本文截取了 2003 ~ 2016 年天津、河北、辽宁、江苏、浙江、福建、山东、广东、广西、海南的渔业发展数据作为样本，相关数据主要来源于《中国渔业统计年鉴》①、《中国农业年鉴》② 和《中国统计年鉴》③。为获取

---

① 农业部渔业渔政管理局：《中国渔业统计年鉴》，中国农业出版社，2005 ~ 2017。

② 中国农业年鉴编辑委员会：《中国农业年鉴》，中国农业出版社，2005 ~ 2017。

③ 国家统计局：《中国统计年鉴》，中国统计出版社，2005 ~ 2017。

海洋渔业经济相关数据，本文采用王波等的数据处理方式①，对渔业数据进行调整后获得了样本数据。对于变量中涉及经济产值的数据，均采用相应的指数以2002年为基期对数据进行平减，以消除通货膨胀对经济发展的影响，提高计量精度与年际可比性。

四　稳定性与协整关系检验

（一）稳定性检验

PVAR模型要求所有变量均为同阶单整，故在进行模型估计前对变量数据的稳定性进行检验，检验方法一般采用单位根检验法。本文选取的样本数据为平衡面板数据，符合单位根检验的条件。采用不同根单位根的费雪式（Fisher-ADF）检验与相同根单位根的Levin-Lin-Chu（LLC）检验方法，结果如表1所示，$frgrowth_{i,t}$、$fluctuation_{i,t}$、$mftfp_{i,t}$、$sadvance_{i,t}$、$srationalize_{i,t}$等变量均通过了1%的显著性检验，均强烈拒绝面板数据存在单位根的原假设，故原有序列数据是平稳的。

表1　数据变量的稳定性检验结果

变量	Fisher-ADF 检验				LLC 检验	检验结果
	P	Z	L^*	P_m	调整后的 t	
frgrowth	76.000***	-6.294***	-6.638***	8.854***	-3.522***	平稳
fluctuation	68.333***	-5.754***	-5.938***	7.642***	-2.920***	平稳
mftfp	63.500***	95.294***	-7.348***	-8.346***	-6.523***	平稳
sadvance	57.792***	-4.180***	-4.490***	5.976***	-4.055***	平稳
srationalize	38.927***	-2.510***	2.545***	2.993***	-1.878***	平稳

注：*** 表示1%的显著性水平。P 为逆卡方变换；Z 为逆正态变换；L^* 为逆逻辑变换；P_m 为修正逆卡方变换。

① 王波、倪国江、韩立民：《产业结构演进对海洋渔业经济波动的影响》，《资源科学》2019年第2期。

（二）协整关系检验

PVAR 模型要求所引入的数据变量之间存在长期稳定关系，故在构建 PVAR 模型前要检验海洋渔业产业结构演进与海洋渔业经济发展之间是否存在长期稳定关系。由于 $frgrowth_{i,t}$ ~ I（0）、$fluctuation_{i,t}$ ~ I（0）、$mftfp_{i,t}$ ~ I（0）、$sadvance_{i,t}$ ~ I（0）、$srationalize_{i,t}$ ~ I（0），其序列均是同阶单整的，满足协整检验的前提条件。面板协整检验的方法主要包括三种，即 Kao 检验①、Pedroni 检验②与 Westerlund 检验③。本文采用这三种检验方法分别判断海洋渔业产业结构高级化、合理化与海洋渔业经济发展是否存在长期稳定关系，检验结果如表 2 所示。因为 Kao 检验、Pedroni 检验与 Westerlund 检验方法的原假设 H_0 是“不存在协整关系”，由检验结果可知，不同检验方法所对应的检验统计量均通过了 5% 或 1% 的显著性检验，故拒绝原假设 H_0，认为海洋渔业产业结构演进与海洋渔业经济发展之间存在长期稳定关系。

表 2　海洋渔业产业结构演进与海洋渔业经济发展的协整检验结果

检验方法	检验统计量	模型 1	模型 2
Kao 检验	修改后的 *Dickey-Fuller*（*DF*）*t*	2.273**	1.842**
	Dickey-Fuller（*DF*）*t*	1.853**	1.622**
	Augmented Dickey-Fuller（*ADF*）*t*	2.916***	3.632***

① C. Kao, “Spurious Regression and Residual – Based Tests for Cointegration in Panel Data,” *Journal of Econometrics* 90 (1999): 1 – 44.

② P. Pedroni, “Critical Values for Cointegration Tests in Heterogeneous Panel with Multiple Regressors,” *Oxford Bulletin of Economics and Statistics* 61 (1999): 653 – 670; P. Pedroni, “Panel Cointegration: Asymptotic and Finite Sample Properties of Pooled Time Series Tests with an Application to the PPP hypothesis,” *Econometric Theory* 3 (2004): 579 – 625.

③ J. Westerlund, “New Simple Tests for Panel Cointegration,” *Econometric Reviews* 24 (2005): 297 – 316.

续表

检验方法	检验统计量	模型 1	模型 2
Kao 检验	未调整的修改的 *Dickey-Fuller*（*DF*）*t*	-5.967***	-2.957***
	调整后的 *Dickey-Fuller*（*DF*）*t*	-4.932***	-2.431***
Pedroni 检验	修改后的 *Phillips-Perron*（*PP*）*t*	3.437***	3.644***
	Phillips-Perron（*PP*）*t*	-4.785***	-6.323***
	Augmented Dickey-Fuller（*ADF*）*t*	-3.901***	-1.523**
Westerlund 检验	方差比	3.451***	7.201***

注：模型 1 是海洋渔业产业结构高级化与海洋渔业经济发展的协整检验结果；模型 2 是海洋渔业产业结构合理化与海洋渔业经济发展的协整检验结果。**、*** 分别表示 5%、1% 的显著性水平。

五 实证分析

（一）海洋渔业经济发展对其产业结构高级化演进的影响结果及分析

稳定性与协整检验结果表明，海洋渔业产业结构高级化、合理化与海洋渔业经济增长率、经济波动与经济发展质量序列均是平稳的，且海洋渔业产业结构高级化演进与海洋渔业经济增长率、经济波动、经济发展质量之间存在长期均衡关系，满足建立 PVAR 模型的先决条件。本文利用 Stata 15.0 软件，采用 PVAR 程序包分别建立海洋渔业产业结构高级化与海洋渔业经济增长率、经济波动、经济发展质量的 PVAR 模型，并基于 PVAR 模型回归结果，采用脉冲响应函数与方差分解进一步分析海洋渔业经济增长率、经济波动与经济发展质量对推动海洋渔业产业结构高级化演进的影响与作用。

1. PVAR 模型回归结果及分析

本文建立了滞后 2 期的以海洋渔业产业结构高级化为主的 PVAR（2）模型，在采用 Helmert 转换方法消除面板数据存在的个体效应后，利用 GMM 方法进行模型回归，回归结果如表 3 所示。随后，采用 AR 特征根单位圆对 PVAR（2）模型的稳定性进行检验，检验结果如图 3 所示，PVAR（2）模型所有特征根的倒数值均小于 1，都位于单位圆内。由此可见，所估计的 PVAR（2）模型是稳定的，具有有效性。

表 3　以海洋渔业产业结构高级化为因变量的 PVAR 模型回归结果

解释变量	*sadvance*	解释变量	*sadvance*
l1_h_sadvance	-0.029 (-0.22)	*l2_h_frgrowth*	0.071 (1.42)
l2_h_sadvance	0.311 *** (2.90)	*l1_h_fluctuation*	-1.824 *** (-3.33)
l1_h_ftfp	0.135 *** (2.99)	*l2_h_fluctuation*	1.767 *** (3.25)
l2_h_ftfp	-0.162 *** (-3.53)	卡方检验	61.574
l1_h_frgrowth	1.561 *** (3.14)		

注：*** 表示 1% 的显著性水平。*l* 表示滞后项，后面的数字表示滞后的期数。*h* 表示通过 Helmert 转换消除个体效应。

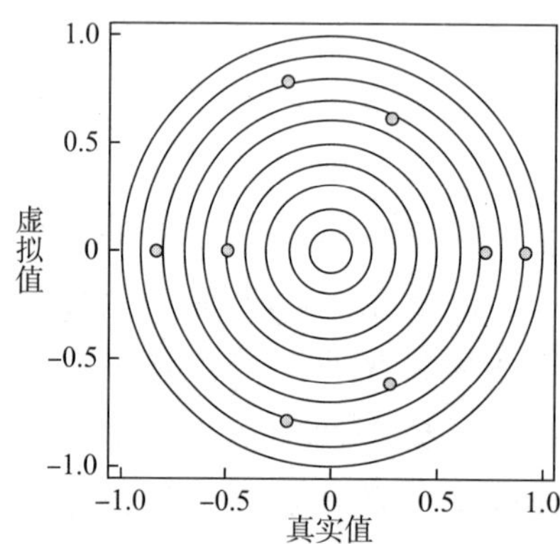

特征根 真实值	特征根 虚拟值	倒数值
0.9155514	0	0.9155514
−0.8305902	0	0.8305902
−0.2065366	0.7888237	0.8154142
−0.2065366	−0.7888237	0.8154142
0.7288878	0	0.7288878
0.2908815	−0.6156324	0.6808931
0.2908815	0.6156324	0.6808931
−0.4882283	0	0.4882283

图 3　AR 特征根单位圆检验结果

回归结果显示，滞后 2 期的海洋渔业产业结构高级化通过了 1% 的显著性检验，说明海洋渔业产业结构高级化滞后 2 期对自身的影响比较显著且呈现正向影响关系，影响系数为 0.311。在 1% 的显著性水平下，滞后 1 期与滞后 2 期的海洋渔业全要素生产率、滞后

1 期的海洋渔业经济增长率、滞后 1 期与滞后 2 期的海洋渔业经济波动均通过了显著性检验，但影响系数存在较大差异。滞后 1 期的海洋渔业全要素生产率、海洋渔业经济增长率与滞后 2 期的海洋渔业经济波动对海洋渔业产业结构高级化的影响系数为正，说明此时海洋渔业全要素生产率、经济增长率与经济波动对海洋渔业产业结构高级化演进具有正向作用，有利于推动海洋渔业产业结构高级化的演进。但是滞后 2 期的海洋渔业全要素生产率与滞后 1 期的海洋渔业经济波动对海洋渔业产业结构高级化的影响系数为负，说明此时海洋渔业全要素生产率与海洋渔业经济波动对海洋渔业产业结构高级化具有负向作用，不利于海洋渔业产业结构高级化的演进。

由上述分析可知，虽然海洋渔业产业结构高级化自身、海洋渔业经济增长率、海洋渔业经济波动与海洋渔业经济发展质量对海洋渔业产业结构高级化的影响程度存在差异，但显著性水平均为 1%，表明海洋渔业经济发展能够影响海洋渔业产业结构演进，而且海洋渔业经济波动是影响海洋渔业产业结构高级化演进的主要因素。

2. 脉冲响应函数

基于 PVAR（2）模型回归结果，本文采用脉冲响应函数（IRF）判断海洋渔业产业结构高级化演进受到海洋渔业产业结构高级化演进自身、海洋渔业经济增长率、海洋渔业经济波动、海洋渔业经济发展质量的冲击后的响应。图 4 是检验后获得的 IRF，上下两条虚线分别表示 95% 的置信区间的上限与下限，横轴表示追踪期，共 15 期。

图 4 - a 反映了海洋渔业产业结构高级化演进在受到 1 单位的海洋渔业经济波动正向冲击后所做出的响应，除第 3 期外海洋渔业产业结构的响应均是负向的。在前 9 期内海洋渔业经济波动对海洋渔业产业结构高级化演进影响的波动较大，之后趋于收敛。图 4 - b 反映了给海洋渔业产业结构 1 单位的海洋渔业经济增长率的冲击后，其产业结构高级化演进所做出的响应。面对海洋渔业经济增长率的冲击，海洋渔业产业结构高级化演进呈现正、负向交替反应，并在第 3 期正向反应达到最大值，在第 10 期后趋于收敛，可见海洋渔业

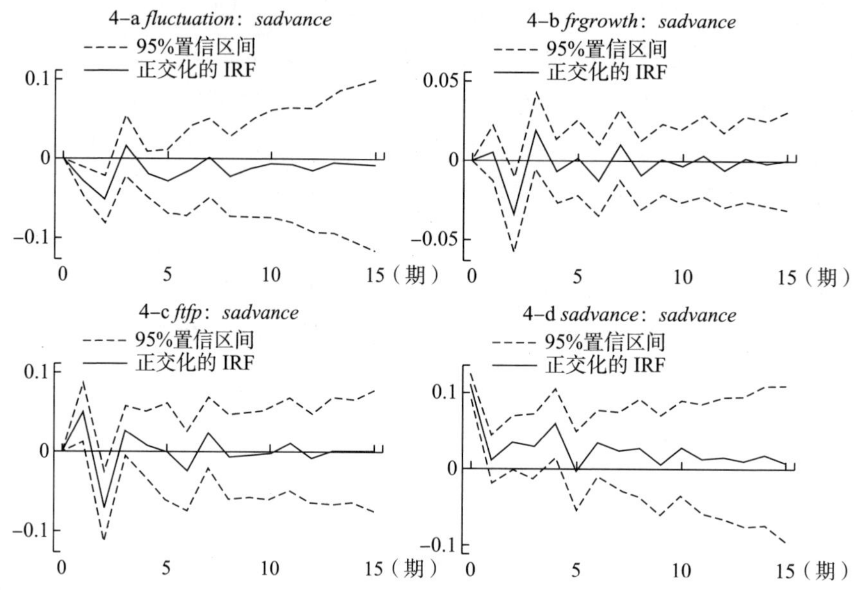

图 4　海洋渔业经济发展对海洋渔业产业结构高级化演进的脉冲响应结果

经济增长率对海洋渔业产业结构高级化演进影响的波动较大，不同时期影响程度存在差异。图 4 – c 反映了海洋渔业产业结构高级化演进对海洋渔业经济发展质量的冲击所做出的响应。在前 12 期内海洋渔业经济发展质量对海洋渔业产业结构高级化演进影响的波动较大，在第 12 期后趋于收敛。图 4 – d 表示海洋渔业产业结构高级化演进受自身冲击所做出的响应。面对来自自身的冲击，除第 5 期外，海洋渔业产业结构高级化演进均做出正向响应，但总体呈减弱趋势，在第 11 期后趋于收敛，由此可推断，海洋渔业产业结构高级化在演进过程中受自身的影响较大。

由分析可知，海洋渔业经济发展能够引起海洋渔业产业结构高级化的变动，对海洋渔业产业结构高级化具有一定的影响，但是海洋渔业的不同经济指标对其产生的冲击具有差异性，总体表现为海洋渔业经济发展质量对海洋渔业产业结构高级化演进的影响程度要大于海洋渔业经济波动和海洋渔业经济增长率。

3. 方差分解

本文利用方差分解（FEVD）进一步分析海洋渔业经济发展对

海洋渔业产业结构高级化演进的贡献度。图 5 反映了在 15 期的追踪期内海洋渔业经济增长率、经济波动与经济发展质量对海洋渔业产业结构高级化演进的贡献度。

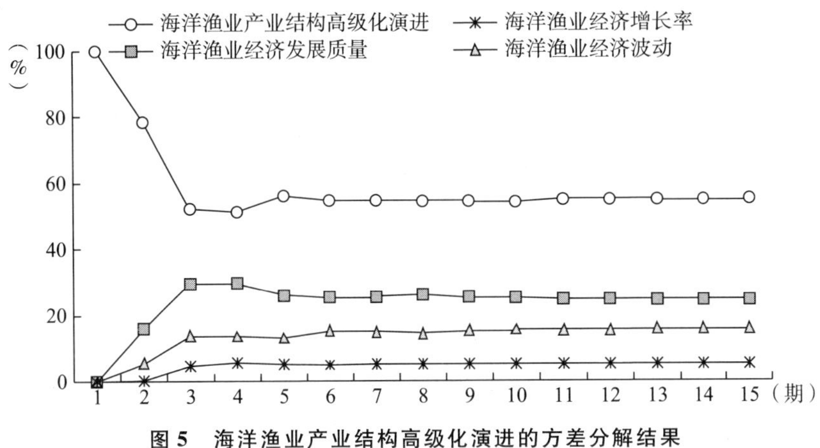

图 5　海洋渔业产业结构高级化演进的方差分解结果

在第 1 期海洋渔业产业结构高级化演进对自身的贡献度为 100%，但从第 2 期开始海洋渔业产业结构高级化演进对自身的贡献度逐渐降低，在第 4 期达到最小值 51.24%，随后趋于平稳；而海洋渔业经济发展质量对海洋渔业产业结构高级化演进的解释程度超过 20%，成为解释海洋渔业产业结构高级化演进的重要变量；海洋渔业经济增长率与经济波动对海洋渔业产业结构高级化演进的贡献度较低。由此可以推出，海洋渔业经济发展质量是海洋渔业产业结构高级化演进的主要影响因素，而海洋渔业经济增长率与经济波动对海洋渔业产业结构高级化演进的影响程度较低。

（二）海洋渔业经济发展对其产业结构合理化演进的影响结果及分析

海洋渔业产业结构高级化、合理化与海洋渔业经济增长率、经济波动、经济发展质量序列均是平稳的，且海洋渔业产业结构合理化演进与海洋渔业经济增长率、经济波动、经济发展质量之间存在长期均衡关系，满足建立 PVAR 模型的先决条件。

1. PVAR 模型回归结果及分析

实证分析海洋渔业经济发展对其产业结构合理化演进的影响，结果如表 4 所示，除滞后 2 期的海洋渔业全要素生产率未通过显著性检验外，其余解释变量的滞后项均通过 1% 的显著性检验，表明海洋渔业经济发展对海洋渔业产业结构合理化演进具有显著影响，但是不同解释变量对海洋渔业产业结构合理化演进的影响方式存在差异。本文对 PVAR（2）模型的稳定性进行检验，检验结果如图 6 所示，PVAR（2）模型所有特征根的倒数值都位于单位圆内，说明所估计的 PVAR（2）模型是稳定的，具有有效性，因此可以进行脉冲响应分析和方差分解来探索各变量之间的动态关系。① 结合回归结果，分析海洋渔业经济增长率、经济波动与全要素生产率对海洋渔业产业结构合理化演进的影响方式及作用规律，主要从以下四个方面进行分析。

表 4　以海洋渔业产业结构合理化为因变量的 PVAR 模型回归结果

解释变量	*srationalize*	解释变量	*srationalize*
l1_h_srationalize	0.194*** (2.65)	*l2_h_frgrowth*	0.193*** (3.43)
l2_h_srationalize	0.594*** (12.27)	*l1_h_fluctuation*	5.000*** (10.66)
l1_h_ftfp	-0.113*** (-2.22)	*l2_h_fluctuation*	-5.785*** (-9.94)
l2_h_ftfp	-0.048 (-1.59)	卡方检验	70.209
l1_h_frgrowth	-4.859*** (-10.36)		

注：*** 表示 1% 的显著性水平。*l* 表示滞后项，后面的数字表示滞后的期数。*h* 表示通过 Helmert 转换消除个体效应。

第一，在海洋渔业产业结构合理化演进自身影响方面，滞后 1 期和滞后 2 期的海洋渔业产业结构合理化演进对自身的正向影响比

① 张红智、王波、韩立民：《全域旅游视阈下海洋渔业与滨海旅游业互动发展研究》，《山东大学学报》（哲学社会科学版）2017 年第 4 期。

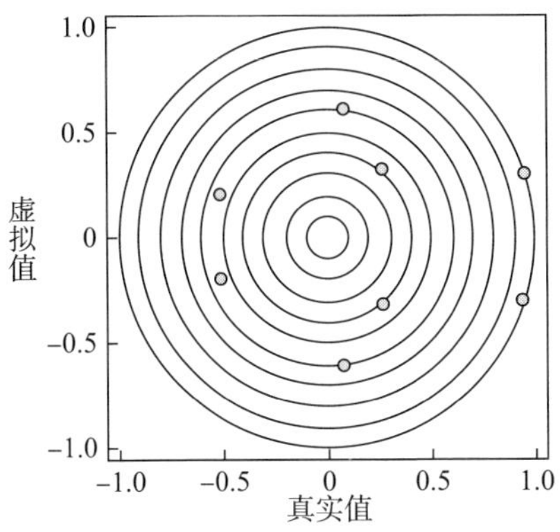

特征根 真实值	特征根 虚拟值	倒数值
0.9350602	0.3062389	0.9839308
0.9350602	−0.3062389	0.9839308
0.0697170	0.6079132	0.6189780
0.0697170	−0.6079132	0.6189780
−0.5186589	0.2008683	0.5561970
−0.5186589	−0.2008683	0.5561970
0.2581564	0.3224579	0.4130663
0.2581564	−0.3224579	0.4130663

图 6　AR 特征根单位圆检验结果

较显著，说明前期海洋渔业产业结构合理化程度对当期海洋渔业产业结构合理化水平具有重要影响，是影响海洋渔业产业结构合理化演进的重要因素。

第二，在海洋渔业经济发展质量方面，滞后 1 期的海洋渔业全要素生产率的提高对海洋渔业产业结构合理化演进的影响为负，说明上期的海洋渔业全要素生产率会抑制当期海洋渔业产业结构合理化水平的提高。本文认为海洋渔业全要素生产率的提高得益于海洋渔业技术进步，科技水平的提升会加快海洋渔业产业发展，并加速海洋渔业生产要素流向高生产率、高技术水平的产业，从而促进海洋渔业经济发展，打破固有的海洋渔业经济均衡状态，抑制海洋渔业产业结构合理化水平的提高。

第三，在海洋渔业经济增长率方面，滞后 1 期的海洋渔业经济增长率对海洋渔业产业结构合理化演进具有负向影响，且影响程度比较大，影响系数达到 −4.859，这说明上期海洋渔业经济增长率会抑制当期海洋渔业产业结构合理化水平的提高。但是滞后 2 期的海洋渔业经济增长率对海洋渔业产业结构合理化演进具有正向作用，说明海洋渔业经济增长率对海洋渔业产业结构合理化演进的促进作用具有明显的滞后性。本文认为海洋渔业实现经济增长主要来源于两个方面：渔业技术进步和新增长极的出现。这两个方面均会引起海洋渔业经济打破原有的均衡状态，通过提高生产效率与发展新兴产业推动海洋渔业经济增长。当新的产业结构形态稳定后，通过协调海洋渔业内部各产业实现其均衡发展，从而推动海洋渔业产业结构合理化演进。

第四，在海洋渔业经济波动方面，滞后 1 期的海洋渔业经济波动对海洋渔业产业结构合理化演进具有重要的推动作用，但滞后 2 期的海洋渔业经济波动会抑制海洋渔业产业结构合理化演进。其原因在于，海洋渔业经济波动会引起海洋渔业生产要素或资源在各产业间合理流动，在一定程度上会促进海洋渔业各产业的协同发展，提高海洋渔业产业结构的合理化程度。但是当海洋渔业经济发生较大波动，尤其是受到海洋渔业产业结构高级化影响时，海洋渔业经济波动会加速海洋渔业生产要素或资源向高生产率或高增长率的部门或产业集聚，打破原有的海洋渔业生产要素或资源的流动方式，而海洋渔业经济由平衡发展转为不平衡发展，会极大地降低海洋渔业产业结构合理化水平；同时，也会因特殊事件（例如“非典”、食品安全问题）的发生和政府政策（例如休渔期制度）的干预影响海洋渔业产业结构合理化水平的提高。

2. 脉冲响应函数

基于 PVAR（2）模型回归结果，采用脉冲响应函数（IRF）判断海洋渔业产业结构合理化演进受到海洋渔业产业结构合理化演进自身、海洋渔业经济增长率、海洋渔业经济波动、海洋渔业经济发展质量的冲击后的响应。本文选择 15 期的追踪期考察海洋渔业经济发展对海洋渔业产业结构合理化演进的脉冲响应，结果如图 7 所示。图 7 反映了海洋渔业产业结构合理化分别受到海洋渔业经济波动、经济增长率、全要素生产率与产业结构合理化演进自身冲击后的响应变化趋势。以下将分别阐释不同变量对海洋渔业产业结构合理化演进的冲击影响。

第一，在受到海洋渔业经济波动 1 单位冲击后，海洋渔业产业结构合理化演进在前 10 期内为正向响应，并在第 5 期达到最大值，随后响应程度呈下降趋势，在第 10 期之后转为负向响应（见图 7 - a）。这说明海洋渔业经济波动在前期对海洋渔业产业结构合理化演进具有正向冲击，在后期则会对海洋渔业产业结构合理化演进产生负向冲击，这与 PVAR（2）模型获得的结果是一致的。

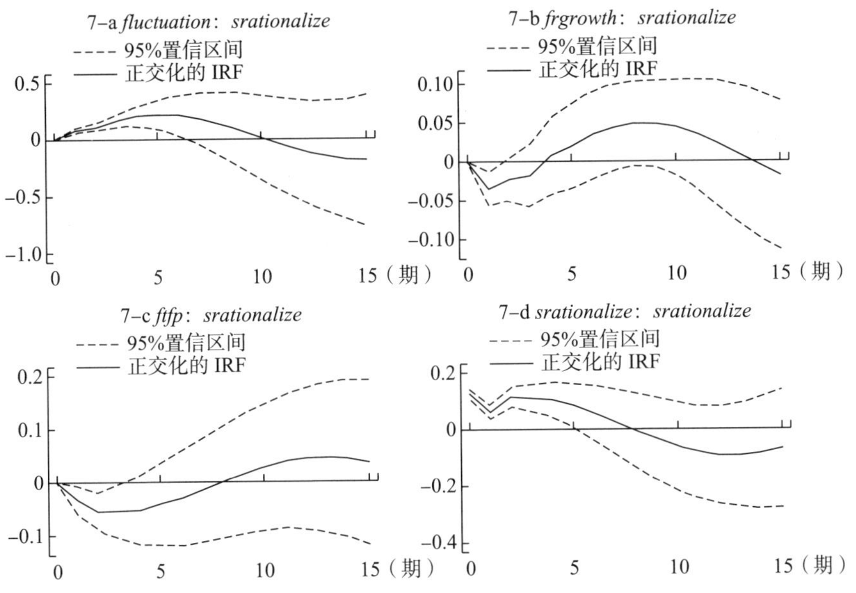

图 7　海洋渔业经济发展对海洋渔业产业结构合理化演进的脉冲响应结果

第二，海洋渔业产业结构合理化演进在受到海洋渔业经济增长率 1 单位冲击后，首先表现出负向响应，随后在第 4 期转为正向响应，并在第 9 期达到最大值，在第 9 期后海洋渔业产业结构合理化演进的正向响应程度呈下降趋势，在第 14 期又转为负向响应（见图 7 – b）。这说明海洋渔业经济增长对海洋渔业产业结构合理化演进存在影响且波动比较大。

第三，海洋渔业产业结构合理化演进在受到 1 单位全要素生产率的冲击后，在前 8 期表现出负向响应，并在第 3 期左右达到最小值，随后负向影响逐渐减弱，在第 9 期以后转为正向响应（见图 7 – c）。这说明海洋渔业全要素生产率影响海洋渔业产业结构合理化演进，且在前期的负向响应比较显著。

第四，海洋渔业产业结构合理化演进在受到自身 1 单位冲击后所做出的响应大体呈现下降趋势，且在第 8 期以后转为负向响应（见图 7 – d）。这说明海洋渔业产业结构合理化演进受自身的影响波动较大。

由分析可知，海洋渔业经济增长率、经济波动与全要素生产率是影响海洋渔业产业结构合理化演进的重要因素，但不同指标对其影响程度存在差异，总体表现出海洋渔业经济波动的影响要大于海洋渔业经济增长率与海洋渔业全要素生产率，这与 PVAR（2）模型的结果基本保持一致。

3. 方差分解

本文对海洋渔业产业结构合理化演进进行了方差分解（见图 8）。从图 8 中可以看出，在第 1 期海洋渔业产业结构合理化演进对自身的解释程度达到 100%，在第 2～10 期呈现下降趋势，达到最小解释程度 19.9%（第 10 期），随后趋于平稳。海洋渔业经济增长率与经济发展质量对海洋渔业产业结构合理化演进的解释程度分别维持在 1.2%～3.1%、4.0%～7.5%，远低于海洋渔业经济波动对海洋渔业产业结构合理化演进的解释程度。海洋渔业经济波动对海洋渔业产业结构合理化演进的解释程度在前 9 期呈增加趋势，并在第 9 期达到最大值 73.5%，说明在短期内海洋渔业经济波动能够引起海洋渔业产业结构合理化演进的巨大波动，在第 10 期后则趋于平稳。以上分析说明海洋渔业经济波动对海洋渔业产业结构合理化演进的影响程度最大，这与 PVAR（2）模型的回归结果、脉冲响应函数分析结果基本是一致的。

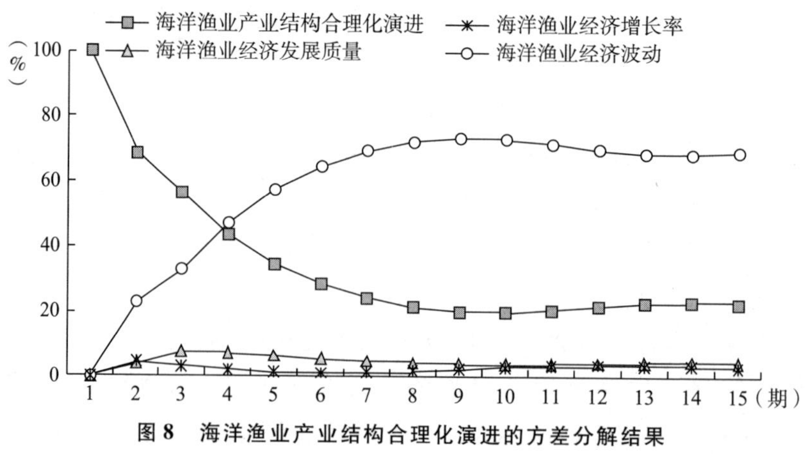

图 8　海洋渔业产业结构合理化演进的方差分解结果

六 结论

本文采用推拉理论从海洋渔业外部推动与内部需求两个层面从理论上剖析了海洋渔业经济发展对其产业结构演进的影响机制，认为海洋渔业经济发展影响其产业结构演进。为了验证理论分析的准确性，本文采用协整检验、面板自回归、脉冲响应与方差分解等方法，实证检验了海洋渔业经济增长率、经济波动和经济发展质量对其产业结构高级化和合理化演进的影响关系。结果显示：海洋渔业经济发展与其产业结构高级化和合理化演进存在协整关系，海洋渔业经济发展是影响海洋渔业产业结构演进的重要因素，这与理论分析结果是一致的，证实了海洋渔业具有自我调整结构的功能。然而，影响海洋渔业产业结构高级化和合理化演进的主要力量存在明显差异，前者主要来自海洋渔业经济发展质量，后者主要来自海洋渔业经济波动。为此，在加速海洋渔业高质量发展进程中，不仅要重视海洋渔业产业结构演进对海洋渔业经济发展的影响，还要注重海洋渔业经济发展对海洋渔业产业结构演进的反向影响。

Research on the Effect of Marine Fishery Development on the Evolution of Industrial Structure in China —Empirical Testing from PVAR, IRF and FEVD

Wang Bo[1], *Zhang Hongzhi*[2]

(1. *School of Economics and Management, Yantai University, Yantai, Shandong, 536000, P. R. China;* 2. *Shandong Foreign Trade Vocational College, Qingdao, Shandong, 266100, P. R. China*)

Abstract: Industrial structure is an important factor influencing economic development. On the contrary, can economic development promote the evolution of industrial structure? Based on this, this paper analyzes the relationship between marine fisheries development and the evolution of industrial structure. The results show that there is a cointegration relationship between the both. The economic growth rate, fluctuations and quality of marine fisheries are the factors that influence the evolution of its industrial structure. Marine fishery has a self - adjusting function in the industrial structure. At the same time, the impact of marine fishery economic growth rate, economic fluctuations and economic quality on the advanced and rationalized evolution of marine fishery industrial structure has significant differences. This is mainly manifested in that the main factors affecting the advanced and rationalized evolution of marine fishery industrial structure are different, namely, marine fisheries economic quality is the main factor affecting the advancement evolution of the marine fishery industrial structure, and the economic fluctuation of the marine fishery is the main factor affecting the rationalization evolution of the marine fishery industrial structure.

Keywords: Marine Fishery Economy; Industrial Structure Evolution; PVAR Model; Impulse Response; Variance Decomposition

（责任编辑：孙吉亭）

气候变化背景下沿海城市脆弱 - 协调性时空演化趋势分析*

——以山东沿海地区为例

赵领娣　隋晓童**

摘　要　全球气候变化所引致的不利影响对海岸带地区生产生活产生严重威胁。本文采用熵值法和改进的耦合协调度模型，基于 ArcGIS 对研究时间内山东省沿海七个城市的脆弱性以及内部协调性进行处理，深入探讨沿海城市脆弱 - 协调性的时空演化趋势。结果表明：七个城市脆弱性程度的非均衡性较为显著，协调发展水平均处于过渡发展以及不平衡发展状态，社会滞后和经济滞后成为影响协调发展的主要类型；除青岛市和烟台

* 本文为国家自然科学基金资助项目“工业绿色发展与劳动力就业：机制探索、效应评估与监管创新研究”（项目编号：71974176）、国家自然科学基金资助项目“能源与环境约束下人力资本驱动低碳转型机制、路径及政策研究”（项目编号：71473233）、国家社会科学基金专项课题“新时代中国特色社会主义思想指引下的海洋强国建设方略研究”（项目编号：18VSJ067）阶段性成果。

** 赵领娣（1963 ~），女，博士，中国海洋大学经济学院教授，中国海洋大学海洋发展研究院研究员，博士研究生导师，主要研究领域为海洋灾害、可持续发展与收入、就业、风险管理等；隋晓童（1995 ~），女，中国海洋大学经济学院博士研究生，主要研究领域为海洋经济、海洋灾害风险管理等。

市外，整体脆弱性较低且无明显下降趋势，耦合协调水平较低且无明显升高态势；七个城市脆弱性水平与三个子系统耦合协调度具有一定的空间重合性。

关键词　气候变化　城市脆弱性　耦合协调度　沿海城市　ArcGIS

引 言

进入 21 世纪以来，气候变化对人类社会的生存发展提出了严峻挑战。政府间气候变化专门委员会（IPCC）的最新研究显示，全球气候系统正经历着以气候变暖为主要特征的显著变化。① 现有研究表明，相较于 1986～2005 年，全球平均气温到 2016～2035 年可能增温 0.3～0.7℃。② 由持续的气候变化所引起的温度升高、冰川融化和海平面升高等现象将对全球沿海地区产生巨大影响。其中，海啸、风暴潮、赤潮、海岸侵蚀、海水入侵和土壤盐渍化等各类灾害问题严重制约沿海城市经济社会的有序可持续发展。③ 沿海城市人口密集、经济发达，在其发展进程中具有一定的内部稳定性，但在

① IPCC, *Climate Change 2013: The Physical Science Basis Summary for Policymakers* (Cambridge: Cambridge University Press, 2013), p. 36.

② 赵庆良等：《沿海城市风暴潮灾害风险评估研究进展》，《地理科学进展》2007 年第 5 期。

③ 蔡锋等：《全球气候变化背景下我国海岸侵蚀问题及防范对策》，《自然科学进展》2008 年第 10 期；V. Gornitz et al., "Impacts of Sea Level Rise in the New York City Metropolitan Area," *Global and Planetary Changes* 32(2001): 61 - 88; J. Wang et al., "Evaluation of the Combined Risk of Sea Level Rise, Land Subsidence, and Storm Surges on the Coastal Areas of Shanghai, China," *Climatic Change* 115(2012): 537 - 558; 封珊、徐长乐：《全球气候变化及其对人类社会经济影响研究综述》，《中国人口·资源与环境》2014 年第 S2 期。

遭受来自外部气候变化所引致的各种不利因素干扰时也更易产生较大损失。当不利因素对城市的影响超过城市本身所能承受的水平时，城市便处于脆弱状态。

脆弱性一词最初起源于自然灾害领域①，被认为是由诸如灾害等不利影响对系统造成损失的程度或可能性，主要应用于自然灾害和气候变化等自然科学研究领域②。城市脆弱性是脆弱性研究的重要组成部分，目前关于城市脆弱性的研究主要集中于单一领域，涉及生态环境③、资源④、经济⑤、社会⑥等方面，研究区域主要包括各类资源型城市⑦、旅游型城市⑧等。而城市是资源环境—经济—社会耦合形成的复杂系统，因此综合性系统研究显得十分重要。同时，较少有研究针对沿海城市的脆弱性，韩增林和李博基于人海关系地域系统对沿海地区脆弱性的研究意义进行阐述，但缺乏相应的实证分析。⑨ 而在海平面上升以及全球气温升高的背景下，沿海城市可能发生的自然灾害的频率和强度不断提高。相较于其他类型城市，沿海

① Marco A. Janssen et al., "Scholarly Networks on Resilience, Vulnerability and Adaptation within the Human Dimensions of Global Environmental Change," *Global Environmental Change* 16(2006): 240 – 252.

② G. F. White, *Natural Hazards*(Oxford: Oxford University Press, 1974), pp. 3 – 16.

③ 张晓瑞等：《城市生态环境脆弱性的测度分区与调控》，《中国环境科学》2015 年第 7 期。

④ 夏军等：《气候变化背景下水资源脆弱性研究与展望》，《气候变化研究进展》2012 年第 6 期。

⑤ 袁海红等：《城市经济脆弱性模拟评估系统的构建及其应用》，《地理学报》2015 年第 2 期。

⑥ D. K. Yoon, "Assessment of Social Vulnerability to Natural Disasters: A Comparative Study," *Natural Hazards* 63(2012): 823 – 843.

⑦ 徐君等：《国内外资源型城市脆弱性研究综述与展望》，《资源科学》2015 年第 6 期。

⑧ 苏飞等：《我国典型旅游城市经济脆弱性及障碍因素分析》，《经济地理》2013 年第 12 期。

⑨ 韩增林、李博：《中国沿海地区人海关系地域系统脆弱性研究进展》，《海洋经济》2013 年第 2 期。

城市具有更为典型且明显的脆弱性特征，因此开展沿海城市脆弱性研究具有重要意义。但脆弱性具有相对性，唯有进行横向及纵向比较，并由脆弱性评价得出的结果才具有一定的价值与意义。因此，探讨城市脆弱性的时空演变规律为本文拟解决的关键科学问题之一。

沿海城市脆弱性较低并不能表示其发展状态良好。要想城市自身承载力以及恢复力均能得到充分正常的发挥，势必要求资源环境、经济、社会相互协调。沿海城市内部各子系统之间发展不均衡的问题不容忽视，只注重城市经济高速发展，却不顾生态环境以及社会水平的"急功近利式"发展依旧存在。这种"木桶效应"的存在会使城市内部任何一子系统的滞后均会导致城市脆弱性的增强。在关注城市脆弱性的同时还应关注城市内部的协调发展情况。因此进行城市各子系统间耦合协调性分析亦为本文拟解决的关键科学问题之一。目前关于协调性的研究多采用传统耦合协调度模型，且主要涉及两系统之间的分析。① 为缓解传统模型参数设定主观性强的问题，本文进一步采用改进的三系统耦合协调度模型对沿海城市系统内部的协调性进行分析。

一　研究区域和方法

（一）研究区域

山东省沿海地区主要包括青岛、烟台、威海、日照、潍坊、东

① Y. Li et al., "Investigation of a Coupling Model of Coordination Between Urbanization and the Environment," *Journal of Environmental Management* 98(2012): 127 - 133; 张明斗、莫冬燕：《城市土地利用效益与城市化的耦合协调性分析——以东北三省 34 个地级市为例》，《资源科学》2014 年第 1 期；J. He et al., "Examining the Relationship Between Urbanization and the Eco-Environment Using a Coupling Analysis: Case Study of Shanghai, China," *Ecological Indicators* 77(2017): 185 - 193; W. Liu et al., "Coupling Coordination Relationship Between Urbanization and Atmospheric Environment Security in Jinan City," *Journal of Cleaner Production* 204(2018): 1 - 11.

营、滨州七个城市，濒临渤海、黄海，区位优势显著且经济实力较强。山东省沿海七个城市作为中国东部沿海城市的重要组成部分，是环渤海地区经济增长极，是山东省“一蓝一黄”区域经济发展战略主要发展区，也是中国面向东北亚全方位参与国际合作与竞争的桥头堡，具有重要经济价值和战略意义。山东省沿海地区既是人口聚集地，也是全省发展的驱动力。2018 年，山东省沿海地区七个城市总人口约为 3774. 45 万人，占当年山东省总人口的 37. 6% 。同年，山东省沿海七个城市的地区生产总值为 38627. 52 亿元，占当年山东省地区生产总值的 50. 5% 。同时，山东省也是海洋灾害损失大省。根据《中国海洋灾害公报》，2019 年山东省海洋灾害直接经济损失高达 21. 63 亿元，仅次于浙江省。受气候变化影响，山东省海洋灾害发生频率加快，强度也在增大，给沿海地区带来了更加严峻的压力。

（二）数据来源

原始数据来源于《山东省统计年鉴》《中国城市统计年鉴》。考虑到所选指标的原始数据在量纲和数量级上的不同，使用式（1）和式（2）对原始数据进行标准化，消除量纲、数量级以及正负方向的影响。部分指标具有正向性质，比如工业废水排放量指标，其数值越大，说明越不利于城市发展，对城市脆弱性起到正向作用；而另一部分指标具有负向性质，比如人均水产品总产量指标，其数值越大表明资源供应越充足，越有利于城市发展，对城市脆弱性起到反向作用。

正向指标：

$$x'_{ij} = (x_{ij} - x_{\min})/(x_{\max} - x_{\min}) \tag{1}$$

负向指标：

$$x'_{ij} = (x_{\max} - x_{ij})/(x_{\max} - x_{\min}) \tag{2}$$

其中，n 代表指标 j，m 代表城市 i，则 x_{ij} 为城市 i 的第 j 个指标值，x'_{ij} 代表标准化后的指标值，$x_{\min}$、$x_{\max}$ 分别代表指标数值中的最小值、最大值。

（三）研究方法

1. 熵值法

本文使用熵值法来计算资源环境、经济以及社会子系统的水平。熵值法基于热力学动态定律，由香农引入信息论中，最初致力于平衡收敛的研究。尽管熵理论属于热力学范畴，但不同的学科根据其要求将熵的概念应用于特定区域，目前熵值法已成为广泛应用于工程、社会和经济领域的一种客观方法。[①] 熵理论是自然界的一般规则，自然界的所有现象一般都遵循熵原理。因此，应用熵理论可以分析城市气候变化的影响，并探寻城市整体的脆弱性。熵值法利用信息熵根据各个指标的变化程度来计算熵值，然后通过熵值校正每个指标的权重，从而确定更加客观的权重。

（1）计算指标占比 Y_{ij}

$$Y_{ij} = x'_{ij} / \sum_{i=1}^{m} x'_{ij}$$

（2）计算指标熵值（信息熵）e_j

$$e_j = -k\sum_{i=1}^{m} Y_{ij}\ln Y_{ij}, k = \frac{1}{\ln m}$$

（3）计算指标权重 w_j

$$w_j = d_j / \sum_{j=1}^{n} d_j, d_j = 1 - e_j$$

---

① S. Wang et al., "Quantifying the Relationship Between Urban Development Intensity and Carbon Dioxide Emissions Using a Panel Data Analysis," *Ecological Indicators* 49(2015): 121 – 131; Q. Wang et al., "Research on the Impact Assessment of Urbanization on Air Environment with Urban Environmental Entropy Model: A Case Study," *Stochastic Environmental Research and Risk Assessment* 26(2012): 443 – 450; X. Cheng et al., "Coupling Coordination Degree and Spatial Dynamic Evolution of a Regional Green Competitiveness System—A Sase Study from China," *Ecological Indicators* 104(2019): 489 – 500.

（4）计算脆弱性指数 V

$$V = \sum_{j=1}^{n} H_{ij}, H_{ij} = w_j \times x'_{ij}$$

（5）综合脆弱性划分

本文运用 Natural Breaks 方法衡量山东省沿海七个城市的空间分布特征。Natural Breaks 方法是 Jenks 提出的用于分析空间分异特征的经典地理统计方法。[①] 该方法基于空间分异原理，将各地区对应属性值的方差波动大小作为划分空间格局的依据，使同一组内的地区属性值的方差波动尽可能小，而组间的属性值方差相对较小，最终呈现区域属性值的自然空间分异格局，从而排除人为因素的干扰。同时参考方创琳、王岩的研究成果[②]，采用五级分类法刻画山东省沿海七个城市的脆弱性，将脆弱性分为低脆弱性、较低脆弱性、中脆弱性、较强脆弱性以及强脆弱性五类。

2. 改进的耦合协调度模型

（1）耦合协调度模型

在物理学中，耦合指的是两个或多个系统或运动形式通过各种相互作用而相互影响，进而促进要素或系统的协同发展的现象。[③] 传统耦合协调度模型一般以两系统之间的耦合协调关系为研究对象，而三系统耦合协调度模型是基于传统耦合协调度模型而建立的，可以表示为如下过程（需要注意的是，对于协调度的研究，指标体系的性质与脆弱性正好相反）：

$$D = \sqrt{C \times T}$$

$$C = \left\{ \frac{H_{i1} \times H_{i2} \times H_{i3}}{[(H_{i1} + H_{i2} + H_{i3})/3]^3} \right\}^3$$

---

① G. F. Jenks, "The Data Model Concept in Statistical Mapping," *International Yearbook of Cartography* 7(1967): 186 – 190.

② 方创琳、王岩：《中国城市脆弱性的综合测度与空间分异特征》，《地理学报》2015 年第 2 期。

③ Y. Li et al., "Investigation of a Coupling Model of Coordination Between Urbanization and the Environment," *Journal of Environmental Management* 98(2012): 127 – 133.

$$T = l_1 \times H_{i1} + l_2 \times H_{i2} + l_3 \times H_{i3}$$

其中，D 代表整体耦合协调度，即资源环境、社会、经济之间的协调发展状况。C 代表系统之间的耦合度，耦合度越大，说明子系统之间的相互作用越强，关联越密切，反之亦然。H_{i1}、H_{i2}、H_{i3} 分别代表山东省七个沿海城市 2000 ~ 2018 年三个子系统的效益值。T 被认为是反映三个子系统综合协调水平的协调评价指数①，表示三个子系统的性能对耦合协调度的总体影响。值得注意的是，耦合协调度与耦合度相比，强调了系统之间的协调状态；与协调度相比，强调了系统之间的积极作用。

（2）改进的耦合协调度模型

l_1、l_2、l_3这三个值分别描述了三个子系统对整体协调水平的贡献情况，是主观定义的。为了降低这种主观性，本文参考 Shen 等人的研究②，采用协同理论来弥补这种局限性。协同理论揭示了两个系统之间从低层到高层协调的动态演化机制。③ 只有当两个系统之间的耦合性较强时，才能实现高水平的协调。高耦合度是描述生态环境与社会经济系统之间的强耦合状态，只有系统之间的性能差距较小时才能实现。④ 在实践中，相对落后的系统具有较高的权重值，可以吸引政府更多的注意力来推广该系统。另外，当两个系统之间的性能差距较大时，应该对欠发达的系统给予更多的关注，以便朝更好的协调迈进。换句话说，欠发达系统的权重值应设计为随着两个系统之间差距的扩大而增加，这将进一步推动政府提高欠发达系统的绩效。总之，欠发达系统的贡献系数应假定为较高的值，并且该值应反映两个系统之间的性能差距。

---

① Z. Tang, "An Integrated Approach to Evaluating the Coupling Coordination Between Tourism and the Environment," *Tourism Management* 46(2015): 11 - 19.

② L. Shen et al., "Improved Coupling Analysis on the Soordination Between Socio-Economy and Carbon Emission," *Ecological Indicators* 94(2018): 357 - 366.

③ H. Haken, "Synergetics," *Physics Bulletin* 28(1977): 412.

④ J. B. Braden, C. D. Kolstad, "Measuring the Demand for Environmental Quality," *American Journal of Agricultural Economics* 75(1993): 244.

$$l_1^* = \frac{H_{i2} + H_{i3}}{H_{i1} + H_{i2} + H_{i3}}$$

$$l_2^* = \frac{H_{i1} + H_{i2}}{H_{i1} + H_{i2} + H_{i3}}$$

$$l_3^* = \frac{H_{i1} + H_{i3}}{H_{i1} + H_{i2} + H_{i3}}$$

其中，l_1^* 是资源环境子系统新定义的贡献系数，l_2^* 是经济子系统新定义的贡献系数，l_3^* 是社会子系统新定义的贡献系数。如果资源环境子系统的性能值较低，则 l_1^* 的值将会较高。在这种情况下，它将驱使政府更加关注该系统的性能。改进后的耦合协调度模型如下：

$$D = \sqrt{C \times T^*}$$

$$C = \left\{\frac{H_{i1} \times H_{i2} \times H_{i3}}{[(H_{i1} + H_{i2} + H_{i3})/3]^3}\right\}^3$$

$$T^* = l_1^* \times H_{i1} + l_2^* \times H_{i2} + l_3^* \times H_{i3}$$

（3）耦合协调度等级划分

参考相关文献①，构建耦合协调度分类表（见表1）。

表1　耦合协调度分类

发展阶段初级部门	发展阶段二级部门		发展阶段三级部门	
均衡发展	$0.7 \leqslant D \leqslant 1$	卓越均衡发展	min（H_{i1}，H_{i2}，H_{i3}）$=H_{i1}$	资源环境滞后的卓越均衡发展
			min（H_{i1}，H_{i2}，H_{i3}）$=H_{i2}$	经济滞后的卓越均衡发展
			min（H_{i1}，H_{i2}，H_{i3}）$=H_{i3}$	社会滞后的卓越均衡发展

① 陈晓红等：《基于生态文明的县域环境—经济—社会耦合脆弱性与协调性研究——以黑龙江省齐齐哈尔市为例》，《人文地理》2018年第1期。

续表

发展阶段初级部门	发展阶段二级部门		发展阶段三级部门	
过渡发展	$0.5 \leqslant D < 0.7$	勉强均衡发展	$\min(H_{i1}, H_{i2}, H_{i3}) = H_{i1}$	资源环境滞后的勉强均衡发展
			$\min(H_{i1}, H_{i2}, H_{i3}) = H_{i2}$	经济滞后的勉强均衡发展
			$\min(H_{i1}, H_{i2}, H_{i3}) = H_{i3}$	社会滞后的勉强均衡发展
不平衡发展	$0.3 \leqslant D < 0.5$	略微失衡发展	$\min(H_{i1}, H_{i2}, H_{i3}) = H_{i1}$	资源环境滞后的略微失衡发展
			$\min(H_{i1}, H_{i2}, H_{i3}) = H_{i2}$	经济滞后的略微失衡发展
			$\min(H_{i1}, H_{i2}, H_{i3}) = H_{i3}$	社会滞后的略微失衡发展
	$0 \leqslant D < 0.3$	极度失衡发展	$\min(H_{i1}, H_{i2}, H_{i3}) = H_{i1}$	资源环境滞后的极度失衡发展
			$\min(H_{i1}, H_{i2}, H_{i3}) = H_{i2}$	经济滞后的极度失衡发展
			$\min(H_{i1}, H_{i2}, H_{i3}) = H_{i3}$	社会滞后的极度失衡发展

二　指标构建

现有研究多集中于分析外部环境变化对城市脆弱性的影响，探索能够提高城市适应能力的政策措施。本文借鉴城市脆弱性评价指标体系的相关文献①，考虑到沿海城市特色以及数据的可获得性，共选取 24 个次级指标层因子建立包含资源环境、经济、社会脆弱性三个一级指标层的城市脆弱性综合评价指标体系（见表 2）。

① 方创琳、王岩：《中国城市脆弱性的综合测度与空间分异特征》，《地理学报》2015 年第 2 期；安士伟等：《城市脆弱性的评估与风险控制——以河南省为例》，《经济地理》2017 年第 5 期；王弘彦：《极端天气背景下辽宁省城市脆弱性时空演变研究》，《国土与自然资源研究》2020 年第 1 期。

表 2　气候变化背景下沿海城市脆弱性指标体系

一级指标层（子系统）	次级指标层	指标性质	单位
资源环境	年平均气温变化率	负向	%
	年平均降水变化率	负向	%
	人均水产品总产量	正向	吨/人
	人均土地面积	正向	公里^2/人
	建成区绿化覆盖率	正向	%
	工业废水排放量	负向	万吨
	工业 SO_2 排放量	负向	万吨
	工业烟尘排放量	负向	万吨
	一般工业废物综合利用率	正向	%
	污水处理厂集中处理率	正向	%
	生活垃圾无害化处理量	正向	万吨
经济	人均 GDP	正向	亿元
	人均渔业总产值	正向	万元
	地区第三产业产值/第二产业产值	正向	%
	货物进口额	正向	万美元
	货物出口额	正向	万美元
	当年实际使用外资金额	正向	万美元
	地方财政收入	正向	万元
社会	城市人口密度	正向	人/公里^2
	人均道路面积	正向	米^2
	年末住户存款余额	正向	万元
	失业率	负向	%
	人均医院床位数	正向	张
	排水管道密度	正向	公里/公里^2

三　结果讨论

（一）脆弱性

城市脆弱性反映了一个城市在受到外界因素冲击时的稳定程度

以及自愈能力。为尽可能保证研究期的全面性以及充分体现时序变化差异，本文基于 2000 ~ 2015 年平均每隔 5 年选取一个样本截面，并加入 2018 年的最新数据，最终选取 2000 年、2005 年、2010 年、2015 年、2018 年作为研究年份，基于熵值法对山东省沿海七个城市进行脆弱性计算，结果如表 3 所示。

表 3　山东省沿海七个城市脆弱性

城市	2000 年	2005 年	2010 年	2015 年	2018 年	均值
青岛	0.3821	0.3046	0.3301	0.2527	0.2397	0.3018
东营	0.4585	0.5909	0.5897	0.5566	0.5700	0.5531
烟台	0.5072	0.4757	0.4407	0.3609	0.3547	0.4278
潍坊	0.6759	0.5800	0.7161	0.6014	0.5973	0.6341
威海	0.4365	0.4518	0.4207	0.4285	0.4540	0.4383
日照	0.4397	0.4990	0.5415	0.4856	0.4877	0.4907
滨州	0.4929	0.5886	0.5444	0.5145	0.5175	0.5316

从时序上来看，山东省沿海七个城市脆弱性变动不稳定，且整体并无明显向好趋势。青岛市脆弱性从 2000 年的 0.3821 下降到 2018 年的 0.2397，尽管在 2010 年稍有上升，但整体脆弱性呈现低位且下降趋势。烟台市脆弱性变化趋势与青岛市类似，尽管初期脆弱性相对较强，但呈现明显下降趋势，从 2000 年的 0.5072 下降到 2018 年的 0.3547，降幅最大，达到 0.1525。潍坊市与东营市脆弱性长期居于高位且无明显下降趋势，说明潍坊市与东营市相关部门可能对降低脆弱性的重视程度不够，在长时间内缺乏有效措施应对脆弱性较强的问题。威海市、日照市和滨州市脆弱性在研究年份的变动并不稳定，但日照市和滨州市脆弱性在后两年波动较小，分别为 0.0021 和 0.0030，今后在保持稳定不上升的基础上实现脆弱性进一步下降的可能性很大。威海市脆弱性则波动较大，在保持脆弱性的稳定上需要多下功夫。

从表 3 可以看出，五年平均脆弱性最高的为潍坊市，达到 0.6341；东营市与滨州市分列第二位和第三位，均值分别为 0.5531 和 0.5316；最低的是青岛市，均值为 0.3018。潍坊市与青岛市脆弱性均值差值为 0.3323，脆弱性极值差值为 0.4794。这表明山东省沿海七个城市的非均衡性较为显著。2018 年，青岛市与烟台市人均 GDP 分列第一位与第二位，分别为 9086.09 亿元与 5858.13 亿元。得益于良好的经济发展水平，青岛市与烟台市有足够的资金支持并维护城市稳定性，加强城市抵御风险的能力，因此两者的脆弱性相较于其他城市较低。尤其是青岛市，它借助良好的地理优势、相对充足的政策扶持以及高效的产业优势，能够在研究区间内保持一个较低的脆弱性水平。而潍坊市尽管经济水平较高但脆弱性也较高，原因很可能在于其未能充分利用经济优势来提高自己抵御风险的能力以及恢复能力。

为了进一步探讨山东省沿海七个城市的空间分异特征，本文运用 Natural Breaks 方法进行衡量，同时运用空间计量软件 ArcGIS 10.0 将区间空间化显示处理。

从空间上看，山东省沿海七个城市的脆弱性呈现一定集聚效应。可按照脆弱性等级分类，将山东省沿海七个城市大体分为两部分，分别为胶州半岛地区（青岛市、烟台市、威海市）以及其他沿海地区（潍坊市、日照市、东营市、滨州市）。在这 5 年研究时间内，胶州半岛地区的脆弱性要明显低于其他沿海地区。青岛市一直处于低脆弱性等级；而烟台市经历了“较强脆弱性—中脆弱性—较低脆弱性”的变动过程；威海市则正好相反，经历了“较低脆弱性—中脆弱性”的变化。整体来看，胶州半岛地区大部分时间处于中脆弱性和低脆弱性等级。青岛、烟台、威海三地区位于山东半岛东部，区位优势明显；海岸线较长，海洋资源利用率较高，三个城市产业结构优势明显，基础设施较为完善；同时政策扶持力度较大，比如近年来政府积极响应蓝色海湾整治行动，青岛市“岸线＋离岛”海洋生态安全格局的大力构建、烟台市 6300 米海岸线生态修复活动以及威海市 2019 年逍遥港项目的顺利竣工验收等，都表明三个城市在海岸带生态修复等方面取得了一定的成果，提高了胶州半岛地区应对风险的能力以及风险发生后的自愈能力。而其他沿海地区则基本上处于中脆弱性等级和强脆弱性等级，潍坊市除了在 2005 年处于较强脆弱性等级之外，其余年份均处于强脆弱性等级；日照市经历了“较低脆弱性—中脆弱性—较强脆弱性”的变化过程；而东营市和滨州市变化较为频繁，分别经历了“中脆弱性—强脆弱性—较强脆弱性—强脆弱性”和“较强脆弱性—强脆弱性—中脆弱性—较强脆弱性”的变化。四地的地理优势相较于胶州半岛地区来说不明显，且缺乏有效、持久的政策支持，生态环境以及基础设施建设相对落后，致使在研究区间内一直未能呈现脆弱性减弱的趋势。

（二）协调性

前面的分析主要是探究山东省沿海地区城市内部脆弱性的全局时空演化特征，而城市内部脆弱性本质上来说可将城市看作一个具有复杂属性的复合系统，其时空格局演化是内部资源环境、经济、社会子系统相互影响、相互协调所引致的格局变化。城市脆弱性系统内部各子系统间的协调耦合关系是城市脆弱性格局演变的内在揭示，因此探讨城市脆弱性的内部耦合关系具有重要意义。根据所构建的改进耦合协调度模型，计算出 2000 年、2005 年、2010 年、2015 年、2018 年山东省沿海七个城市子系统得分，进而得到复合系统的耦合协调度（见表 4）；随后基于表 1 的耦合协调度分类并通过 ArcGIS 10.0 软件将区间空间化显示处理。

表 4　山东省沿海七个城市耦合协调度

城市	2000 年	2005 年	2010 年	2015 年	2018 年	均值
青岛	0.4035 资源环境滞后的略微失衡发展	0.5206 资源环境滞后的勉强均衡发展	0.5897 社会滞后的勉强均衡发展	0.5767 社会滞后的勉强均衡发展	0.6342 社会滞后的勉强均衡发展	0.5450
东营	0.3987 社会滞后的略微失衡发展	0.1910 社会滞后的极度失衡发展	0.1643 社会滞后的极度失衡发展	0.3583 社会滞后的略微失衡发展	0.2031 社会滞后的极度失衡发展	0.2631
烟台	0.4261 社会滞后的略微失衡发展	0.4844 社会滞后的略微失衡发展	0.5177 社会滞后的勉强均衡发展	0.4015 社会滞后的略微失衡发展	0.5297 社会滞后的勉强均衡发展	0.4719

续表

城市	2000 年	2005 年	2010 年	2015 年	2018 年	均值
潍坊	0. 3407 经济滞后的 略微失衡发展	0. 2197 经济滞后的 极度失衡发展	0. 2269 经济滞后的 极度失衡发展	0. 3601 经济滞后的 略微失衡发展	0. 2750 经济滞后的 极度失衡发展	0. 2845
威海	0. 4747 社会滞后的 略微失衡发展	0. 3334 社会滞后的 略微失衡发展	0. 3251 社会滞后的 略微失衡发展	0. 5112 经济滞后的 勉强均衡发展	0. 2729 社会滞后的 极度失衡发展	0. 3835
日照	0. 2435 社会滞后的 极度失衡发展	0. 1621 社会滞后的 极度失衡发展	0. 1992 社会滞后的 极度失衡发展	0. 2585 经济滞后的 极度失衡发展	0. 1800 经济滞后的 极度失衡发展	0. 2087
滨州	0. 0015 经济滞后的 极度失衡发展	0. 1800 经济滞后的 极度失衡发展	0. 1733 经济滞后的 极度失衡发展	0. 1348 经济滞后的 极度失衡发展	0. 1802 经济滞后的 极度失衡发展	0. 1340

总体来看，首先，山东省沿海七个城市的协调发展水平均未达到均衡发展状态，都处于过渡发展以及不平衡发展状态。在研究时间内，平均耦合协调度最高的仍然为青岛市，其次为烟台市，而日照市和滨州市则一直处于较低耦合协调水平。其次，略微失衡发展和极度失衡发展成为主流，且多数城市呈现协调度下降趋势。除青岛市和烟台市外，其余城市均出现极度失衡发展状态，并且发展趋势是由略微失衡转向极度失衡。城市耦合协调度较低的日照市和滨州市则一直处于极度失衡状态，协调发展问题堪忧。从系统内部进行分析，七个城市中社会滞后和经济滞后的不平衡发展占据较大份额。潍坊市和滨州市主要以经济滞后的不平衡发展为主；而烟台市、东营市主要以社会滞后的发展为主；威海市和日照市以经济滞后的发展和社会滞后的发展为主；青岛市则在早期以资源环境滞后的发展为主，后期主要表现为社会滞后的勉强均衡发展。

进一步分析发现，青岛市经济发展水平相对较高，因此能够在前期资源环境略微滞后的状态下采取积极行动，实现由略微失衡发展进入勉强均衡发展的状态；同时改善生态环境相对落后的情况，在后期主要表现为社会滞后的勉强均衡发展状态。烟台市作为七个城市中经济发展水平仅次于青岛市的城市，也通过经济的支撑实现了由略微失衡发展进入勉强均衡发展的状态，但烟台市的协调水平主要受制于社会发展水平的相对落后。东营市、潍坊市和威海市均呈现明显的由略微失衡发展向极度失衡发展转变的趋势，其中，东营市与烟台市一致，同样表现为社会发展水平的滞后，保持稳定向好发展是东营市今后的努力方向。潍坊市与东营市协调发展状态变动较为相似，但潍坊市的协调发展状态体现在经济水平的相对滞后，而威海市的不协调性主要在于社会水平与经济水平的滞后。日照市和滨州市在七个城市中经济发展水平排名靠后，在研究时期内一直处于极度失衡发展状态，日照市的社会水平和经济水平是制约该城市协调水平提高的主要因素，而滨州市则以经济水平的滞后为主。两市应该高度重视所处的协调发展不平衡状态，补齐短板。

基于胶州半岛地区（青岛市、烟台市、威海市）以及其他沿海地区（潍坊市、日照市、东营市、滨州市）两部分对耦合协调度进行空间分析，可以看出，胶州半岛地区的协调发展水平仍然高于其他沿海地区。青岛市除了在 2000 年处于略微失衡发展状态，其余年份均处于勉强均衡发展的过渡状态，发展趋势良好。烟台市同样处于良好发展态势，除了在 2015 年下降之外，在研究区间内实现了由略微失衡发展状态向勉强均衡发展状态的过渡。威海市耦合协调度波动性较大，除了在 2018 年下降到极度失衡发展状态外，其余年份均处于略微失衡发展状态以及勉强均衡发展状态。而对于其他沿海地区，日照市和滨州市在研究区间内一直处于极度失衡的不平衡发展状态且无明显的向好发展趋势，东营市与潍坊市除了在 2015 年达到略微失衡发展状态外，其余年份均无向好发展态势。

综合脆弱性与耦合协调度的空间考量，可以得出空间集聚效应在脆弱性与耦合协调度之间具有一定重合性，耦合协调度能够很好地揭示脆弱性格局演化的内在原因。胶州半岛地区城市在脆弱性方面逐年降低而在耦合协调度方面逐年上升，整体上处于向好发展态势。其他沿海地区城市脆弱性则整体上逐年上升，而耦合协调度变动却不稳定甚至转为极度失衡发展状态，城市处于不利发展态势。而在气候变化背景下，外部灾害的发生频率会越来越高，灾害强度会越来越大，必须及时调整城市发展策略，明确城市在发展过程中资源环境、经济、社会三者中相对滞后的一方，降低城市脆弱性。通过转变经济发展方式、改善生态环境、保护城市资源、大力发展基础设施建设等方式，在保证城市的协调发展的同时逐步降低沿海城市的脆弱性。

四　结论与建议

本文以山东省沿海七个城市为例探讨了沿海城市脆弱性与协调性的时空演化趋势。首先，利用熵值法计算 2000 年、2005 年、2010 年、2015 年以及 2018 年沿海七个城市的脆弱性，结合 ArcGIS 的 Natural Breaks 方法对脆弱性进行五级分类。其次，利用改进耦合协调度模型计算山东省沿海七个城市资源环境、经济、社会间的耦合协调度，在整体脆弱性的基础上明确滞后子系统，从而深入探讨沿海城市内部脆弱性的根源因素。最后，分别从时间与空间两个维度对脆弱性与协调度的演化趋势进行分析，得出如下结论。①山东省沿海七个城市脆弱性的非均衡性较为显著，除了青岛市与烟台市表现出较为明显的降低趋势外，整体无明显向好趋势，且青岛市脆弱性在历年都处于最低水平，而潍坊市脆弱性最强。②七个城市的协调发展水平均处于过渡发展或不平衡发展状态，且社会滞后和经济滞后的不平衡发展占据较大份额。其中，除了青岛市与烟台市耦合协调水平较高且表现出明显的协调度提高态势外，其他多数城市出现协调度下降趋势，而日照市和滨州市历年协调度都处于较低水平。③山东省沿海七个城市的脆弱性与协调度均存在典型的空间集聚效应，经济较为发达的胶州半岛地区脆弱性明显低于其他沿海地区，同时资源环境、经济、社会的协调发展水平也要相对优于其他沿海地区。

青岛市、烟台市和威海市具有地理位置较好、经济较为发达等优势。对于青岛市和烟台市，应进一步借助相对较强的政策倾向性以及独特的资源禀赋等优势条件，继续保持脆弱性稳定降低的向好趋势。而威海市则需选择性配置有限资源，主要借助交通设施的便利性、就业的多样性以及医疗卫生条件的改善来实现协调发展。其他沿海地区城市脆弱性较低，需要针对城市短板子系统采取相应补救措施。对于社会子系统处于相对滞后状态的城市，应推进社会基本公共服务均等化，减少优质劳动力单向流动，建构公共服务的有效供给机制，同时加大建设城市基础设施力度，保证公共服务产品设施的供给，促进核心城市合理调整产业布局。而相对落后的生产基础，有限的政策扶持，青岛、威海、烟台三市对其产生的虹吸效应等不利因素严重阻碍了经济滞后型城市的发展。因此此类城市首先需要打破各城市间要素流动壁垒，使相邻城市间资源要素能够自由流转，提高要素在各城市间的配置效率。同时城市应根据自身资源禀赋，积极培育内生优势产业，促进城市群经济协同发展。具体来说，滨州市应借助山东半岛蓝色经济区联通京津冀经济区、环渤海湾经济区等实现转型发展；东营市应充分发挥黄河三角洲区位优势以及丰富的石油资源和旅游资源实现提质发展；日照市应借助优良临海港口优势实现特色发展；而潍坊市应充分发挥其邻近省中心的地缘优势以及青岛市的辐射带动作用实现良性发展。各城市应当互动发展、向心发展，努力促使区域经济协调发展新局面的形成。

Analysis of Vulnerability-Coordination Spatial-Temporal Evolution Trend of Coastal Cities under the Background of Climate Change —Take the Coastal Areas in Shandong as an Example

Zhao Lingdi[1,2], *Sui Xiaotong*[1]

(1. School of Economics, Ocean University of China, Qingdao, Shandong, 266100, P. R. China; 2. Institute of Marine Development Studies, Ocean University of China, Qingdao, Shandong, 266100, P. R. China)

Abstract: The adverse effects of global climate change pose a seri-

ous threat to productive life in coastal areas. This paper uses entropy and improved coupling coordination degree model, based on ArcGIS to deal with the vulnerability and internal coordination of the seven coastal cities of Shandong Province during the study period, to explore the trends of the vulnerability-coordination spatial-temporal of coastal cities. The results show that: ①the non-equilibrium of the vulnerabilities of the seven cities are significant, the average level of coupling coordinated degree is all in the transitional and the imbalance development, social and economic lags become the main types affecting the coordinated development; ②except for Qingdao and Yantai city, there is no obvious downward trend of the overall vulnerability, the coupling coordination level is low and there is no obvious upward trend; ③the vulnerabilities and the three subsystems' coupling coordination levels of the seven cities have a certain degree of spatial congruity.

Keywords: Climate Change; City Vulnerability; Coupling Coordination Degree; Coastal Areas; ArcGIS

（责任编辑：孙吉亭）

山东省海洋经济创新发展研究

梁永贤*

摘　要　山东省拥有丰富的海洋资源和良好的区位优势，经济长期处于中国的领先地位，是中国经济的重要引擎之一。研究山东省海洋经济在当前形势下的进一步发展，对于提高山东半岛经济有着重要的意义。本文首先针对山东省海洋经济发展的现状进行说明，指出山东省海洋经济目前发展所面临的问题主要集中在基础设施落后、产业转型不够彻底、环境污染严重、资源利用率低等方面；其次指出山东省海洋经济创新发展应该致力于优化海洋经济产业结构，统筹协调各地政府部门，提高创新能力，积极构建产业协调发展的基础平台，动态监管区域产业，以实现全省经济的一体化发展。

关键词　海洋经济　创新发展　海洋资源　环境污染　SWOT分析

引　言

2018 年，习近平总书记在考察青岛海洋科学与技术试点国家实

---

* 梁永贤（1963 ~），女，济南社会科学院副研究员，主要研究领域为文化旅游。

验室时指出，“建设海洋强国，必须进一步关心海洋、认识海洋、经略海洋，加快海洋科技创新步伐”①，并在山东省海洋资源开发、海洋环境保护以及海洋关键技术研发等方面提出了具体指导建议，为山东省海洋经济未来发展指明了方向。

在国务院新闻办公室举行的“新中国成立 70 周年省（区、市）系列主题新闻发布会”上，时任山东省省长龚正指出，作为海洋大省，山东有四大优势：一是海洋资源优势，山东拥有大陆海岸线 3345 公里，海洋资源丰富；二是科教人才优势，全国近一半海洋科技人才、约 1/3 的海洋领域院士在山东；三是平台优势，山东有 42 家省级以上涉海科研院所；四是海洋经济优势，山东海洋产业产值占全省 GDP 的 20%、占全国海洋产业产值的 20%，是全国唯一拥有 3 个超 4 亿吨吞吐量大港的省份。②

基于以上背景，抓住海洋强国的发展战略和山东半岛蓝色经济区建设的重大历史机遇，推动山东省海洋经济创新发展，提高相关产业集群的发展水平，成为推进山东省海洋经济可持续发展的重中之重。

山东半岛位于黄海和渤海之间，背靠中国的黄河中下游地区，面向朝鲜半岛，区位优势十分明显。山东半岛的矿产资源种类多，近海海洋生物种类繁多，各类资源储量在中国位居前列，海洋资源的优势也十分明显。丰富的海洋资源和区位条件，为山东省海洋经济的创新发展提供了有力的支撑。

一　山东省海洋经济创新发展的重要意义

随着经济的不断发展，山东半岛面临的能源、资源、环境等问

① 《习近平在山东考察时强调切实把新发展理念落到实处 不断增强经济社会发展创新力》，http://www.xinhuanet.com/2018-06/14/c_1122987584.htm，最后访问日期：2020 年 9 月 30 日。

② 《山东省委副书记、省长龚正：山东经略海洋有四大优势》，http://sd.sdnews.com.cn/yw/201907/t20190716_2583399.htm，最后访问日期：2020 年 9 月 30 日。

题的压力也越来越大，所以构建可持续发展的海洋经济有着重要的意义。从目前的情况来看，山东省的海洋经济发展十分迅速，但仍然存在一定的问题，例如产业结构不够健康、不同地区的发展不够均衡等。目前，山东省海洋经济发展仍然以养殖业、交通运输业等依靠天然资源的产业为主体，对于装备制造业、海洋生物工程等高技术产业重视程度仍然不足。但由于资源消耗型产业给山东半岛的海洋经济可持续发展带来了巨大压力，所以推动山东半岛的产业升级，进而实现山东省海洋经济的创新发展，对于中国类似地区仍然有着不容忽视的借鉴作用。综观山东省海洋经济的发展现状，可以看出，山东半岛的海洋资源开发方式粗犷，产业结构集中在低层次的资源消耗型产业。所以如何在当前经济高质量发展的大背景下转变山东省传统的海洋经济发展模式、充分利用山东半岛独特的资源优势和区位优势、提高海洋经济的创新能力对于实现山东省建设海洋强省的战略目标有着重要的意义。

二　山东省海洋经济创新发展概况及 SWOT 分析

海洋产业集群的发展与海洋经济的支撑密不可分，下面将依托海洋产业的发展情况从山东半岛的海洋经济发展的条件、概况等方面分别进行 SWOT 分析。

（一）发展优势分析

1. 区位优势

山东半岛的地理位置十分优越，与日本和韩国隔海相望，背靠黄河三角洲地区，南面是长江中下游平原，北面是环渤海经济带，是一个具有方向性的、具有战略意义的地理区域。山东半岛的交通网络十分发达，在陆运交通上形成了以国道、省道和乡镇公路为基础的交通网络，道路质量相对较高，分布合理有序；在水运方面形成了以枢纽和区域性重要港口为支撑、以中小港口为补充的多层次共同发展的格局。其中，核心港口是青岛港，其吞吐量巨大，还有威海和日照等区域性的港口，海运竞争力也相对较强。

2. 资源优势

山东半岛的蓝色经济区空间优势十分明显，领海面积约为15.9万平方公里，位居全国第三，并且海岸沿线的海湾超过200个，有将近50处港址可以建造万吨级以上的船位。在山东半岛所属的海峡范围内，有320多个面积超过500平方米的海岛，而且这些海岛大多没有被完全开发和利用①，拥有巨大的开发潜力。优越的海洋资源条件和地理位置，为山东省海洋经济的创新发展提供了坚实的保障。

山东半岛的海洋生物资源也十分丰富，由于该地区东临黄海、北临渤海，地处暖温带，所以独特的气候条件为繁殖大量的鱼、虾等生物提供了良好的自然条件，同时也打造了一批优良的渔港。据统计，山东半岛蓝色经济区的蓝色资源总计有400多种生物可以被利用。②

此外，山东半岛的能源矿产资源也十分丰富，目前已经探明的矿产资源超过100种。其中，山东半岛已探明的石油储量约为3亿吨，油气资源储量高达24亿吨。山东半岛蓝色经济区内已经建成全国首个年产200万吨级的胜利油田。山东半岛内部还建有中国第一座滨海煤田——龙口煤田，该煤田目前已探明的资源储量为9亿吨左右。③ 除此之外，山东半岛蓝色经济区还拥有包括石英砂、建筑砂等矿砂资源，其中日照和荣成沿岸砂层稳定且矿砂规模巨大，目前已探明的储量约为5亿吨。除了丰富的矿产资源和化石能源以外，山东半岛蓝色经济区内还蕴含着大量的地下卤水资源，具有较高的

① 山东省海洋局网站，http://www.hssd.gov.cn/wap/jggk_1383/xygb/，最后访问日期：2020年4月9日。

② 丁志诚：《山东海洋经济的发展现状和对策》，《当代经济》2019年第4期。

③ 张丽淑：《山东海洋经济演化发展的区域比较分析》，《山东工商学院学报》2018年第6期。

经济价值，目前已探明的卤水储量高达 1.4 亿吨。山东半岛沿海的潮汐能和风能资源也十分丰富，拥有巨大的潜力，但目前仍然处于待开发阶段。

山东半岛的海洋旅游资源也拥有深厚的底蕴，风景十分秀丽，将近 7000 年的历史使山东半岛的海洋文化底蕴在当今社会体现出更多的价值。山东省是中华民族海上丝绸之路的起点之一，在古代是“海岱文化”的起源地。山东省海洋文化经过历史的发展，逐步融汇成古代秦汉的东巡文化、战国的齐国文化、蓬莱神话等独具特色的海洋文化。随着近年来山东半岛在国际上的影响力越来越大，各种大型国际活动的举办越来越频繁，例如亚沙会、奥帆赛、国际海洋节等，山东半岛蓝色经济区的海洋文化发展的内涵也越来越丰富。

3. 经济基础优势

从表 1 中可以看出，山东半岛的蓝色经济区在 2019 年生产总值约为 3.5 万亿元，占比接近全省的一半，为全省的经济发展提供了强大的动力，并且蓝色经济区内的不同地市经济发展情况总体来看也相对健康。此外，山东半岛蓝色经济区内的 7 个城市综合实力排名都相对靠前，只有日照和滨州经济规模小，排名相对靠后；青岛、烟台、潍坊更是名列前茅，成为全省经济发展的重要引擎。

表 1　2019 年山东半岛蓝色经济区各市 GDP 及排名

单位：万元，名

城市	青岛	烟台	潍坊	威海	东营	滨州	日照
GDP	11741.31	7653.45	5688.5	2963.73	2916.63	2457.19	1949.38
排名	1	3	4	10	11	13	15

资料来源：根据《山东统计年鉴》整理。

经过多年的发展，山东半岛蓝色经济区建设取得了明显的成效，山东省也成为中国北方地区第一经济大省。山东省海洋经济的生产总值在 2013 年突破 1 万亿元大关，为全国的海洋经济发展提供了良好的示范作用，并且不断健全的配套设施也为山东半岛区域内的海洋经济发展提供了足够的硬件条件。日照港和青岛港也在全国货物吞吐量的排名中名列前茅。在海洋经济的创新发展过程中，科技的支撑是十分重要的。据山东省统计局统计，在山东省海洋经济的发展过程中，科技引领的相关贡献率在60%以上，并且山东省海洋经济的相关科研工作者占全国海洋科研人数的50%以上。除此之外，山东省拥有国家级的海洋科技示范基地10余个，省级以上的科研院所50多个，为海洋经济的创新发展提供了强大的人才和科技支撑。① 山东省近岸海域优良水质面积比例达到90.03%，全省海洋生态环境质量稳定向好。截至2019年底，山东省共设立各级湾长147名，出台相关制度140余项，初步形成了上下协调、组织有力的省、市、县三级湾长管理运行机制。省级湾长带头对责任海湾开展巡查调研，研究解决海湾治理突出问题。全省各级、各部门按职责分工共同做好湾长制定的各项工作。山东省先后完成渤海地区和黄海地区入海排污口排查工作，形成了较完整、全面的入海排污口清单，为山东省近岸海域生态环境质量的持续改善奠定了坚实的基础。②

（二）发展劣势分析

1. 生态环境保护存在问题

山东省近海生态环境存在一些问题，具体从如下几个方面进行分析。

首先，沿海城市的废水排放造成的污染。这是山东半岛海域受到重金属污染的首要原因，主要是由沿海城市产生的污泥和农业废水及城市生活污水没有经过严格的处理就排放到附近的海域中，这些废水中含有大量的重金属元素，造成近海水域环境的严重恶化。

其次，近海水产养殖带来的废水污染。山东半岛独特的气候环

① 山东省统计局网站，http://tjj.shandong.gov.cn/，最后访问日期：2020年5月7日。

② 刘自锐：《山东发布2019年度生态环保十大事件》，https://www.sohu.com/a/382665021_114775，最后访问日期：2020年6月12日。

境和地理位置为近海养殖提供了足够的发展空间，但是在养殖过程中所使用的药品和饲料很容易造成海水的富营养化。根据统计，近年来赤潮的发生越来越频繁，这主要是由海水的富营养化造成的。这不仅为近海养殖产业带来了经济损失，同时对山东半岛的海洋环境造成了十分严重的生态破坏。

最后，石油等化石燃料造成的污染。这主要包括航行中的船只漏油、油田在开发的过程中产生的漏油等情况。这些石油造成的污染会使海水的营养量大大降低，对渔业生产造成严重的威胁，同时危害了山东半岛的生态环境。

2. 资源利用不合理

传统的海洋经济发展模式主要是建立在针对海洋资源的低层次开发利用上，以消耗型产业为开发的主体，例如海洋渔业等。上述情况造成了尽管山东省海洋经济在不断发展，但与此同时海洋资源也在不断枯竭，越来越多的海洋生物濒临灭绝，多个物种在人们不加节制的开发下受到严重伤害。对海洋所蕴含的各类资源应该进行有节制、多层次的深度开发，深度开发所带来的可持续性是低层次开发所不具备的。但现阶段的资源开发技术水平和资金等诸多因素的限制，造成山东省海洋经济在资源开发方面仍然有待进一步加强，在开发的方式和效率方面亟待展开深入研究。

可以看出，低层次的海洋资源开发，一方面造成资源的大量浪费，资源的使用效率很低；另一方面在开发过程中会产生大量的污染物，这些污染物就地排放到海里，对海洋环境造成了严重的威胁。所以如何利用海洋中丰富的资源来为人类提供更加良好的服务成为学术界亟待解决的难题。例如，海洋中丰富的生物资源不仅可以为人类提供足够的食物，同时可以通过深加工的方式来生产补品和相关的药品。但传统的海洋经济模式并没有最大化地提取这些生物资源的价值，造成了高额的投入并没有带来匹配的效益的后果，同时也过度开发了生物资源，这些势必会影响海洋经济的健康发展。

3. 产业结构层次较低

山东半岛的蓝色经济区目前产业结构的健康程度仍然不足。从传统的海洋产业来看，海洋交通运输业和养殖业等处于全国领先地位，但是与其他海洋经济区相比，高新科技产业对于区域内的经济带动作用偏弱，一些高附加值且技术密集型的新兴产业，仍然有着较大的提升空间。随着中国其他海洋经济区的不断进步，山东半岛的原有优势传统产业也面临巨大的挑战。以交通运输业为例，随着周边其他大型港口的崛起，相关产业的市场份额被逐步蚕食，山东半岛的相关产业也承受极大的压力。滨海旅游业同样受到季节周期的影响，高端旅游方面仍然处于空白状态。中国近年来所制定的环保政策对于传统的海洋渔业也造成了极大的压力，在环保和经济发展之间仍然存在难以调和的矛盾，如果不及时调整产业结构和产业的发展方式，一些濒临灭绝的物种势必会彻底消失，进一步对山东半岛蓝色经济区的可持续发展造成威胁。

（三）发展机遇分析

1. 政策环境机遇

除了发展海洋经济的时代背景为山东省海洋经济创新提供了足够的动力外，为了配合中国为山东半岛蓝色经济区的建设和发展问题所提供的政策支持，山东省也颁布了一系列政策为山东半岛蓝色经济区的发展保驾护航，主要围绕如下几个方面。首先，在海域和土地的分配使用上，地方政府积极地向中央争取用海和用地的指标，一些对于经济有重大引领作用的项目优先安排资源使用权①；其次，山东省在对外政策方面也积极地设立东北亚自由贸易区，将山东省融入东北亚经济带的发展中，借助自由贸易区来带动山东半岛的区域发展②；最后，为了确保在海洋经济发展过程中有足够的

① 《山东省人民政府办公厅关于节约集约用地保障重大项目建设的意见》（鲁政办字〔2019〕90 号），http://www.shandong.gov.cn/art/2019/5/24/art_2259_32900.html，最后访问日期：2020 年 7 月 1 日。

② 李世泰、高贤科：《山东半岛建设中韩自由贸易先行区的思考》，《世界地理研究》2011 年第 2 期。

资金支持，山东省计划由省国资部门联合其他投资机构成立联合投资基金会，将海洋资源发展过程中所涉及的高端制造业和服务业作为投资重点，初步确立了工程装备制造业、交通运输业和高新生物技术产业等几大重点投资领域①。除了上述几点举措外，山东省政府还设立了金融租赁公司，为小微企业拓宽融资渠道，减小小微企业的压力，进而带动山东省海洋经济的整体进步。

2. 区位优势机遇

随着全球一体化进程的不断推进，中国与世界上其他国家的联系程度越来越紧密。山东半岛的蓝色经济区与韩国和日本隔海相望，独特的区位优势为山东省海洋经济的创新发展提供了良好的帮助。所以山东半岛蓝色经济区在发展上应该借助韩国和日本的互补优势，利用山东省本土的劳动力、自身的海洋和土地资源优势，积极地引进韩国和日本企业的资金和管理模式，不断促进自身的经济发展。此外，山东半岛蓝色经济区的不断发展，也可以加快其融入环渤海经济带、长三角经济带的步伐，与上述两者之间形成三足鼎立的局面，并辐射其他内陆地区，实现华东和华北地区的共同富裕。

（四）发展威胁分析

由上文可知，山东半岛的经济区域地理位置相对特殊，具备的优势和潜力巨大，但也意味着竞争更加激烈。例如，天津滨海新区是国家重点扶持的项目，国家给予了一系列的优惠政策来推动天津滨海新区的发展，该新区已经成为华北经济的耀眼新星，这势必会与山东半岛蓝色经济区的发展存在一定的冲突。可以看出，山东半岛周围的其他区域经济快速发展为山东半岛蓝色经济区建设带来的不仅是机遇，同时带来了挑战和竞争。无论在争取政策投入还是争取外资方面，山东半岛蓝色经济区都面临巨大的压力。所以山东半岛蓝色经济区如何利用竞争关系、化劣势为优势、充分发挥自身的潜能，成为发展的关键所在。

---

① 张韶天：《“蓝色基金”助力“蓝色经济”》，《商周刊》2011 年第 9 期。

三　山东省海洋经济创新发展建议

（一）优化海洋经济产业结构

随着山东半岛蓝色经济区的不断发展，其对产业结构方面的影响也越来越大，传统的第一产业和第二产业建立在落后的生产技术和劳动力密集的基础上，资源的利用效率相对较低，对于海洋生态环境的破坏也十分严重。根据山东半岛蓝色经济区目前的产业发展情况来看，必须在传统产业优势的基础上，积极地开拓新兴产业，积极地调整海洋产业的结构，推动山东半岛海洋经济的创新发展。实际上，在对环保越来越重视的今天，传统落后的海洋经济导致相关产业的生存空间越来越小，因而必须加强产业结构方面的优化。

（二）规划建设产业协调发展基础平台

1. 明确协调主体

区域产业在发展过程中的首要问题就是明确起到主导作用的城市。当前，山东半岛的蓝色经济区不同市县之间的产业由于缺乏具有绝对话语权的主体，不同地区各自为政，很难协同发展、取长补短。实践表明，区域之间的协调发展主要依靠政府、企业和其他非行政组织及机构。其中，政府主要代表区域整体的利益，其出发点是提高区域内部的相同利益，行为相对独立；而企业是满足经济人假设，是市场经济的产物，其目的是协调发展，使企业自身的利益能够实现最大化；非行政组织及机构主要是为了充分协调和组织所带来的经济利益。

由此可见，在区域产业的协调发展过程中，不同主体的地位和所起到的作用是不同的，所以为了实现山东半岛的海洋经济协调发展，必须因地制宜，发挥好山东半岛不同主体的作用，实现主体在发展中的价值，使各方工作能够统筹进行。

2. 发挥区位优势，突破交通瓶颈

地理位置以及良好的基础设施是驱动经济发展的重要保障。除

了得天独厚的地理位置，山东半岛还应该发挥交通网络的作用，尤其是铁路、港口、公路交通网络，这些均是经济发展过程中最为重要的基础设施。作为山东省的重要经济区域，山东半岛在海洋经济创新发展过程中，必须加强基础设施建设，将港口作为重点抓手，组建山东港口投资控股集团公司统筹山东半岛重大的港口水运交通网络，使各大码头的日常工作有序进行，提高港口的吞吐能力和交通运输的最大承载能力；在铁路建设方面，应该全面提高铁路交通网络的运载能力，对当前铁路网络进行改造和扩建，与济南铁路局一起开发全新的铁路干线，补齐城际铁路的交通短板，效仿当前已经开通的青荣城际铁路线路，加强其他地区的城际铁路交通网络的建设，使港口铁路运输能够覆盖整个山东半岛的蓝色经济区，并在此基础上对接周边各大经济区的铁路交通运输网络；对于公路网络建设，应该打通黄河三角洲和环渤海经济带，对接其他省（区、市）的省会经济圈和经济强市辐射下的城市群，加强与其他经济区域的交通连接，真正实现山东半岛蓝色经济区的高效科技研发、企业生产、交通运输的有效互通。

3. 加强不同区域经济交流

山东半岛蓝色经济区位于长三角和环渤海经济圈的中间位置，与日韩两个东亚经济强国隔海相望，具有良好的国内和国际地理优势。[①] 山东省政府应该妥善利用这一独特的地理优势，与相邻的经济发达区域加强交流和合作，从而促进自身的建设和发展。山东半岛与韩国、日本相邻，具有极大的对外贸易发展空间，山东半岛的蓝色经济区可以承接上述两个经济体的转移产业，然后在此基础上不断消化吸收、学习经验，最后推动本土产业的崛起。具体工作思路可以从如下几个方面落实。

首先，由于日韩两国的土地面积相对较小，并且两国的自然资源相对稀缺，要想实现本国的发展需要进口大量的资源，而山东半

① 徐珊珊、孟庆武：《山东海洋经济发展分析与展望》，《海洋开发与管理》2012 年第 3 期。

岛蓝色经济区资源极其丰富，在石油和天然气等化石燃料、有色金属、建材等方面的优势十分明显，可以很好地与日韩两国形成互补。

其次，日韩的劳动力结构相对不良，日本的老龄化现象尤其严重，缺乏支撑经济可持续发展的劳动力。随着日韩两国生育率的降低，两国的劳动力资源从长期来看势必陷入稀缺局面，进而造成人力成本的提高，而山东半岛的人口优势十分明显，人力成本相较于日韩两国也更为低廉。更重要的是，山东半岛受过中等以上教育的人口比例很高，稍加培训即可上岗工作，这也是山东半岛海洋经济发展的重要保障。

最后，韩国和日本现阶段的产业大多数为资本和技术密集型产业，而山东半岛的资源密集型产业和劳动密集型产业势必会成为日韩两国产业的重大市场，这对于山东半岛的经济发展来说是一个非常好的历史机遇。由于山东半岛独特的地理位置，其具备承接日韩发达国家大规模的转移产业的能力，尤其是胶东山东半岛一带的制造业通过承接日韩的转移产业已经初步形成了以青岛、烟台、威海为核心的大型国际制造业中心。

（三）合理规划区域产业空间布局

区域经济协调发展的重点工作是使不同地区的产业能够协调发展，这主要是通过不同产业之间的关联性得以实现的，而不同产业之间关联性的基础和前提是不同地区的产业结构可以相互补充。可以说，如果不同地区的产业结构基本相似，那么不仅不能实现合作和共享，反而会使市场出现过度竞争，甚至造成供求结构失调，损害各方的利益。目前，山东半岛的海洋经济在不同地区的产业之间有着很大的相似性，产业同构现象十分明显，大多是以传统的产业为主，所以如果不能朝新兴产业和高新技术产业迈进，那么势必会在今后的发展中产生很严重的问题。因此，为了实现不同区域产业的可持续发展，还要采取如下几点措施。

1. 形成良性的竞争机制

作为市场经济中的重要调控力量，市场竞争可以指导不同区域的政府和企业的行为、决策，从而重新规划产业结构和产品的发展方向。当前，在很多有关经济发展的各类文件中都会提到以市场为发展导向，这说明在社会主义市场经济不断发展的今天，不同地区都应该尊重市场的规律，发展自身的优势产业，填补市场空缺，避免市场上的恶性竞争，这样不仅可以避免不同地区的产业同构，也可以使市场的分工更加合理。目前，山东半岛蓝色经济区的不同产业主体之间的利益差距相对较大，阻碍了市场资源配置，所以必须依靠完善的良性市场竞争来正确地把握市场经济发展方向，形成良好的竞争环境。

2. 构建积极的合作机制

庞大的市场造成不同地区的优势产业很难占据全部的市场份额，所以竞争的同时也必然伴随合作，合作可以使非自身地区的其他生产要素转化为自身的资源，各地区通过对其进行合理利用来保证自身的经济地位。山东半岛的不同地区之间可以进行优势互补，避免市场之间的无序竞争，这对于提高资源配置效率有着重要的作用。

原则上，区域内的不同政府部门可以将自身的产业规划整理以后提交到山东省政府，省政府经过统筹协调以后再集中进行不同地区的长远规划。总体目标是着力加快夕阳产业的优化升级，推动城乡经济合作和产业的多元化发展。通过寻求不同地区的利益共同点来构建合作框架，并长期跟踪该框架下的区域产业协调发展情况，结合当前的风口来机动地调整产业布局，对于较多依赖传统产业的地区可以进行一定的资金补贴，避免由产业转型带来的社会动荡。

3. 为产业转移创造条件

不同地区的经济基础不同，所以产业升级能力也各不相同。对于青岛和东营等一些经济发达的地区来说，很多处于成熟期或衰退期的夕阳产业占用的资源较多，必须向其他地区转移，并推动自身进行产业升级。所以山东半岛的其他地区就可以利用这一历史机遇承接上述地区转移出的部分产业，提高自身的经济实力。山东省政府也应该协调市政府，对产业的转移给予一定的政策照顾。一些相对落后的地区可以立足本地的优势资源，主动承接发达地区的转移产业，然后整合内部的产业结构以谋求突破。但实现区域内的产业协同发展仍然有很长的路要走，例如，发达地区产业升级的决心不强、产业升级和短期经济增长之间的矛盾难以调和等问题仍然普遍存在，如何平衡各方利益也是破局的难题。

（四）动态监管区域产业协调发展

山东半岛内的产业协调发展是经济创新发展中的重要一环，所以必须解决不同地区之间“利益博弈”这一重点问题。当前，山东省海洋经济在创新发展过程中出现的体制障碍这一难题，成为山东半岛海洋经济发展需要解决的首要问题，这一顶层问题如果得不到彻底地解决，那么所有的发展措施和协调政策都无法发挥自身的作用。

1. 发挥政府区域合作的引导作用

地区间的经济活动应该充分地尊重市场经济的规律，不同地区的产业发展过程中不仅存在合作，同时也面临竞争。在上述情况下，不同区域之间的发展应该谋求共同进步，而非恶性竞争，否则很可能造成产品恶意压价等不良现象，使资源的配置不能有效地开展。基于此，在山东省海洋经济创新发展过程中，各地方政府必须进行积极的调控，但要注意的是，政府部门绝不能依靠行政命令强行干预。政府部门可以使用资源分配权、财政分配权、各项行政指令等纠正市场自发控制经济活动时产生的偏差，也可以引导公共投资来实现不同区域和产业之间的资源合理分配，使产业布局均衡化、协调化；全面把握山东省海洋经济区不同地区的资源情况和发展现状，根据山东省总体的“一黄一蓝”、省会经济带、鲁西南经济带等总体发展战略来制定山东半岛蓝色经济区的各项政策，在考虑局部地区发展的同时，兼顾山东省总体的经济发展。

2. 避免地方政府各自为政

政府的领导人员应该正确地认识政府的职能，加强政府教育的规范和考核。各级政府必须在产业合作发展过程中重视经济制度的构建和营商环境的维护，为企业打造足够强大的服务平台。山东半岛蓝色经济区在产业政策制定过程中，必须认真总结各个参与方的建议和看法，在区域协作发展的同时选择对各方都有益的一致行为，统一战线，形成均衡、稳定的合作关系，避免落入表面合作、实际仍然各自为政的陷阱中。

各级政府在区域经济协调发展过程中的职能工作主要分为如下几点：首先，应该加大改革的力度，完善本地区的产业，同时加强与其他地区产业的关联程度，减少政府本身对于市场的干预；其次，扩大投资领域的范围，吸引各地资本的投资，形成开放的区域市场，打破地方保护主义，积极推动区域产业的协调发展。

3. 创新地方政府考核机制

山东省海洋经济创新发展的另一个前提是不同地区的经济一体化，这需要各级政府部门的通力合作。但山东省目前的地方政府经常由利益驱动造成非合作博弈情况，区域之间的资源利用不够合理。在地区经济差异明显的当前背景下，上级政府对于下级政府的绩效考核之一就是经济发展情况，这使部分地方政府将短期的经济增长作为当前的重点工作，而对于有利于地方产业结构的长期经济工作积极性不高，所以产业结构的升级也缺乏足够的动力，上述情况造成产业结构趋同问题不可避免。

中国各个地方政府的自主性相对较强，造成不同地区的各项信息和数据没有做到完全公开，造成相关的市场信息时效性不强，所以不同的地方政府在制定政策时也具有很强的片面性，很容易造成彼此之间的非合作博弈。为了改变上述局面，必须改革政府的考核机制，避免“唯 GDP 论”，在针对下级政府部门的考核过程中，不仅考核经济的发展指标，同时也应将产业的健康程度、产业的可持续发展情况纳入考核范畴。上述工作可以由山东省政府牵头，组织山东半岛蓝色经济区的负责人落实，只有这样才能使山东半岛的海洋经济发展更加健康，各级政府的工作中心朝着更加科学的方向迈进。

4. 破除地方保护主义

山东半岛蓝色经济区的各个市县产业结构、资源构成和发达程度之间有着很大的差异，所以不同区域的发展思路应该是相互促进、相互补充的，从而提高不同区域的资源配置效率和科学性，这是实现产业协同发展的基础。只有充分地肯定市场经济的作用，才能使不同地区的生产要素之间相互流通，实现产业的协调发展，进而实现海洋经济的创新发展。所以必须最大限度地消灭地方保护主义，以实事求是的态度打开自身的市场，引进资金和管理技术。尽管短时间内有可能对自身的本土同质产业造成一定的冲击，但从长期来看，必然会使不同地区的生产要素流转成本更加低廉，也可以扶持当地的互补产业。总体来看，破除地方保护主义对于海洋经济的发展是利大于弊的。

Study on the Innovation and Development of Marine Economy in Shandong Province

Liang Yongxian

(Jinan Academy of Social Sciences, Jinan, Shandong, 250002, P. R. China)

Abstract: Shandong province is rich in marine resources and good location advantages. The economy has long been in a leading position in my country and is one of the important engines of Chinese economy. Studying the further development of Shandong marine economy under the current situation is of great significance for improving the economy of Shandong Peninsula. This article first explains the current situation of the development of the marine economy in Shandong province, and points out that the problems facing the current development of the marine economy in Shandong province mainly focus on the backward infrastructure, incomplete industrial transformation, serious environmental pollution, and low resource efficiency. Second, point out that Shandong marine economic innovation and development should be committed to optimizing the industrial structure of the marine economy, coordinating local government departments, improving innovation capabilities, actively building a basic platform for industrial coordinated development, and dynamically supervising regional industries to achieve the integrated development of the provincial economy.

Keywords: Marine Economy; Innovation and Development; Marine Resources; Environmental Pollution; SWOT Analysis

（责任编辑：孙吉亭）

浙江省海洋经济高质量发展研究

贺义雄　赵　薇*

摘　要： 浙江省海洋经济的高质量发展不仅对于本省的经济发展具有重要意义，在全国也有着重要的影响。本文基于五大发展理念对海洋经济高质量发展进行了定义，在此基础上建立了浙江省海洋经济高质量发展的指标体系，并采用熵值法对2008～2018年这11年间浙江省海洋经济发展质量的变化情况进行了分析，结果表明，决定浙江省海洋经济发展质量的因素依次为生态环境、科技水平、民生福利、产业状况和开放程度。据此，本文提出了浙江省海洋经济高质量发展的对策建议。研究成果可以为浙江省海洋经济的高质量发展提供智力支持，并为未来的相关研究提供借鉴。

关键词： 海洋经济　海洋强省　民生福利　五大发展理念　熵值法

引　言

作为地球上最大的生态系统，海洋对人类的生存发展具有重要

---

* 贺义雄（1981～），男，浙江海洋大学经济与管理学院副教授，主要研究领域为海洋资源价值评估与核算、海洋经济运行评价与政策；赵薇（1999～），女，浙江海洋大学经济与管理学院经济学研究助理、学生，通讯作者，主要研究领域为海洋资源评估。

作用。同时，随着经济社会的发展，海洋在中国已占有越来越重要的地位。基于创新、协调、绿色、开放、共享五大发展理念的认知，可以发现国内早已对海洋经济高质量发展的内涵进行了相关研究。如朱坚真、岳鑫在理论层面构建了涉及六大领域发展状况的指标体系，分别是海洋自然资源、经济、生态效益、科技、文教和社会，以明确界定海洋强省①，但是因为涵盖的要素太广，很多指标难以计量，所以这一指标体系未投入实践；王泽宇等分别从海洋经济规模运行、海洋经济结构运行、海洋经济科技发展、海洋经济资源利用、海洋经济生态保护五个方面构建了全国海洋经济发展绩效的指标体系，绩效值越高说明发展质量越好②；鲁亚运等认为，海洋经济高质量发展意味着创新是第一动力、协调是内生特点、绿色是普遍形态、开放是必由之路、共享则是根本目的③；刘俐娜将高质量发展的内涵概括为以人民为中心、创新驱动、更高经济结构水平、更绿色的发展④。

近年来，海洋开始被视为浙江省新的经济增长点。⑤ 从客观条件来看，浙江省陆地面积为 10.55 万平方公里，是全国面积较小的省（区、市）之一，而海域面积却达到 26 万平方公里，约为陆地面积的 2.5 倍，这为浙江省发展海洋产业提供了广阔的空间和丰富的资源。除此之外，浙江省拥有近 3000 个海岛，海岸线长达 6696 公里，其中港口深水线达到 506 公里，均居全国首位。因此，浙江

---

① 朱坚真、岳鑫：《海洋经济强省指标体系研究》，《广东海洋大学学报》2014 年第 2 期。

② 王泽宇、林迎瑞、张震：《海洋经济发展绩效评价及转型影响因素》，《辽宁师范大学学报》（自然科学版）2017 年第 2 期。

③ 鲁亚运、原峰、李杏筠：《我国海洋经济高质量发展评价指标体系构建及应用研究——基于五大发展理念的视角》，《行业探讨》2019 年第 12 期。

④ 刘俐娜：《海洋经济发展质量评价指标体系构建及实证分析》，《青岛行政学院学报》2019 年第 5 期。

⑤ 郭占恒、江于夫：《发挥山海资源优势打造新的经济增长点》，http://zjnews.zjol.com.cn/zjnews/zjxw/201806/t20180614_7540007.shtml，最后访问日期：2020 年 9 月 10 日。

省海洋经济的高质量发展不仅对于本省的经济发展具有重要意义，在全国范围内也有着重要的影响。与以前发展陆域经济不同的是，当前浙江省对海洋经济的政策并没有一味地强调“量”的增加而忽视“质”的状况，“新常态”“五位一体”等要求在海洋经济布局中多次被强调。在这样的发展规划下，以 GDP 为单一指标衡量发展的程度难免会产生不适用的问题。因此，建立全面的指标体系，科学衡量海洋经济的发展质量对于浙江省意义重大。

本文剩余部分将按照如下结构分析：第一部分基于五大发展理念对海洋经济高质量发展进行了定义；第二部分在海洋经济高质量发展定义的基础上，建立了浙江省海洋经济高质量发展的指标体系，并确立了评价方法；第三部分对数据处理结果进行了分析，得出了影响浙江省海洋经济高质量发展的首要因素是生态环境，其次是科技水平、民生福利、产业状况和开放程度；第四部分提出了浙江省海洋经济高质量发展的对策建议。本文研究成果可以为浙江省海洋经济的高质量发展提供智力支持，并为未来的相关研究提供借鉴。

一 海洋经济高质量发展诠释

本文对海洋经济高质量发展内涵的定义依然沿用五大发展理念。首先，创新、协调、绿色、开放、共享来自国家政策，指导着不同经济类型和不同地区的经济发展，采用这一理念能更贴合国家要求与未来发展趋势。其次，目前学术界很多对海洋经济发展绩效的评价也主要围绕这五大发展理念展开，这为本文的研究提供了经验支持。

但五大发展理念是一个笼统的概念，在研究中还需要进行具体的阐释。创新意味着科技，是高质量发展中十分重要的要素。传统的海洋经济发展模式多是受到技术水平的限制，只能通过高投入来保证一定量的产出，这样的高消耗使海洋资源濒临枯竭，海洋环境也受到污染。协调代表着平衡发展，这不仅意味着各沿海地区的海洋经济要实现区域间平衡发展，也意味着单一地区内部的海洋经济格局、结构、生产要素配置与分工也要实现平衡发展。[①] 绿色是人—海系统实现平衡的关键，各种人为灾害的发生使人们意识到生态环境的重要性。以浙江省海洋渔业为例，过度捕捞使不少鱼类的种群结构面临崩溃，渔业质量严重下降，但是当前浙江省开展的“蓝色海湾”综合治理工程和其他修复工程都是提升海洋经济质量的积极举措。开放是海洋的本性，是发展海洋经济的必由之路。原始的海洋经济活动集中于渔业和盐业[②]，但是随着人们对海洋的探索不断深入，人们才发现海洋的功能不止于此。在古代，中国为了与不同国家进行贸易互通不仅开辟了陆上丝绸之路，同时开辟了海上丝绸之路，因此大规模的海洋经济活动必然是依赖于对外开放的，并且海洋经济的对外开放程度不仅影响着陆域经济也影响其自身的发展。共享关系着人类社会的福祉，是海洋经济发展的最终目的。[③] 海洋作为新的经济增长点可以帮助陆域分担人口压力，缓解资源紧张的局面；同时海洋新兴产业，如海水利用业、海洋生物产业以及海洋旅游业等的发展可以提高沿海居民的生活质量，帮助沿海地区贫困人口实现脱贫。

二　指标选取、评价方法与数据来源

（一）指标体系

本文基于以下四点原则建立浙江省海洋经济高质量发展的指标体系：①导向性[④]和目的性原则，本文对海洋经济高质量发展的定

① 鲁亚运、原峰、李杏筠：《我国海洋经济高质量发展评价指标体系构建及应用研究——基于五大发展理念的视角》，《行业探讨》2019 年第 12 期。

② 王涵帅：《中国海洋经济史范畴问题研究》，《大众投资指南》2018 年第 17 期。

③ 鲁亚运、原峰、李杏筠：《我国海洋经济高质量发展评价指标体系构建及应用研究——基于五大发展理念的视角》，《行业探讨》2019 年第 12 期。

④ 朱坚真、岳鑫：《海洋经济强省指标体系研究》，《广东海洋大学学报》2014 年第 2 期。

义沿用了创新、协调、绿色、开放、共享这五大发展理念，目的是更好地分析浙江省海洋经济的发展质量，解决海洋经济发展中存在的问题，为政府或相关部门提供政策建议，因此相应的指标体系也要植根于此；②系统性和层次性原则①，指标选取要系统地反映高质量发展的各个方面，同时指标体系还要有合理的层次，不同层次需由略到详划分清楚，另外，层次内部的要素和指标要相互独立，避免干扰，以免影响分析结果；③可行性和客观性原则②，由于目前能够使用的方法和工具的限制，一些指标仍停留在理论层面，不具有可量化性，所以在选取指标时要明确相应的数据支持，并且要尽量选择可靠的权威数据，确保分析结果的有效性；④陆海统筹原则，陆地（尤其是沿海地区）的经济活动与海洋的经济活动是相互影响的，因此研究海洋经济的发展，不能撇开陆域进行研究，在进行指标选取时也应考虑能够对海洋经济的发展质量造成影响的陆地要素。结合海洋经济高质量发展的内涵和上述原则，并参考已有研究，本文以浙江省海洋经济高质量发展为一级指标，以科技水平、产业状况、开放程度、民生福利、生态环境为二级指标，以海洋科研人员数量等 24 个指标为三级指标建立相应指标体系（见表 1）。

表 1　浙江省海洋经济高质量发展指标体系

一级指标	二级指标	三级指标	单位
浙江省海洋经济高质量发展	科技水平（A1）	海洋科研人员数量（B1）	人
		海洋科研课题数（B2）	项
		海洋发明专利数（B3）	件
		海洋科研成果应用比重（B4）	%
		海洋 R&D 经费支出（B5）	千元

① 宋明顺、范馨怡：《经济发展质量评价指标体系的探索与试验》，《改革与战略》2019 年第 4 期。

② 宋明顺、范馨怡：《经济发展质量评价指标体系的探索与试验》，《改革与战略》2019 年第 4 期。

续表

一级指标	二级指标	三级指标	单位
浙江省海洋经济高质量发展	产业状况（A2）	海洋生产总值（B6）	亿元
		海洋产业对地区经济贡献率（B7）	%
		主要海洋产业增加值（B8）	亿元
		第三产业占海洋生产总值比重（B9）	%
	开放程度（A3）	沿海港口货物吞吐量（B10）	万吨
		海洋旅客运输量（B11）	万人
		沿海港口国际标准集装箱吞吐量（B12）	万箱
		接待入境游客数（B13）	人次
	民生福利（A4）	涉海就业人数（B14）	万人
		涉海就业人数占地区就业人数比重（B15）	%
		沿海居民人均可支配收入（B16）	元
		海洋捕捞量（B17）	吨
		沿海城市星级饭店数（B18）	座
	生态环境（A5）	工业废水排放总量（B19）	万吨
		工业废水直排入海量（B20）	万吨
		工业固体废弃物排放量（B21）	吨
		赤潮发生数（B22）	次
		海洋保护区面积（B23）	平方公里
		近海岸水质达标率（B24）	%

（二）评价方法

目前，国内的学者在对海洋经济发展质量进行相关分析评价时，使用较多的有三大类方法——主观评价方法、客观评价方法和主客观结合方法。[①] 主观评价方法以专家评价法、层次分析法等为代表，客观评价方法则以灰色关联法、熵值法等为代表，主客观结合方法以目标最优化的综合赋权法等为代表。如刘翌飞、张新建为

① 刘秋艳、吴新年：《多要素评价中指标权重的确定方法评述》，《知识管理论坛》（自然科学版）2017 年第 6 期。

研究山东省海洋经济效益，运用层次分析法对科技创新、生态效益等影响因素进行了综合分析，得出了发展海洋经济必须重视科技投入的结论①；王泽宇等构建了沿海 11 个省（区、市）的海洋经济发展绩效指标体系，采用以熵值法为基础的 PROMETHEE 模型、可变模糊识别模型进行评价②；陈慧以沿海 11 个省（区、市）为研究对象，采用聚类分析、综合指数法等数据挖掘方法，结合地图可视化技术，阐述了中国沿海地区海洋经济的发展现状和水平③；罗朋朝、李晔在对福建省海洋经济的可持续发展状况进行实证分析时采用了主成分分析法，得出了福建省海洋经济发展的总体趋势和面临的问题④；刘俐娜以青岛为例建立了海洋经济发展质量评价体系，在对常用的几种评价方法进行权衡后，选择了可信度和说服力更高的熵值法对海洋经济发展质量进行评价⑤。此外，3E 理论也被用于海洋经济发展质量的评价中。传统的海洋经济发展质量的评估方法为数据包络分析法，但 Ding 等认为这种方法将海洋污染物作为输入或常规输出，过分强调海洋经济发展过程中的环境和能源损失而忽略了积极的政府举措，存在局限性，因此，他们在政策框架下采用了改进的 Malmquist-Luenberger 指数模型。⑥

本文认为主观评价法的随意性较强，难以做到客观合理，客观

① 刘翌飞、张新建：《山东省海洋经济效益指标体系构建研究》，《价值工程》2013 年第 30 期。

② 王泽宇、林迎瑞、张震：《海洋经济发展绩效评价及转型影响因素》，《辽宁师范大学学报》（自然科学版）2017 年第 2 期。

③ 陈慧：《基于数据挖掘的海洋经济特征分析及可视化研究》，硕士学位论文，武汉大学，2018，第 1 页。

④ 罗朋朝、李晔：《福建省海洋经济可持续发展的实证分析》，《中国市场》2019 年第 5 期。

⑤ 刘俐娜：《海洋经济发展质量评价指标体系构建及实证分析》，《青岛行政学院学报》2019 年第 5 期。

⑥ L. Ding, H. Zheng, X. Zhao, “Efficiency of the Chinese Ocean Economy within a Governance Framework Using an Improved Malmquist-Luenberger Index,” *Journal of Coastal Research* 34(2018): 272 – 281.

评价法则能避免这些缺点。同时，在客观评价法中，熵值法计算过程较简单、实用性较强。因此，本文将根据表 1 中的浙江省海洋经济高质量发展指标体系，首先对指标数据进行无量纲化处理，再采用熵值法进行权重计算。

（三）数据来源与处理

1. 数据来源

本文所涉及的指标数据主要来源于《中国海洋统计年鉴》（2009～2017 年）、《浙江省生态环境状况公报》（2009～2019 年）、《浙江统计年鉴》（2009～2019 年）、《浙江省海洋环境公报》（2009～2019 年）、《浙江自然资源与环境统计年鉴》（2009～2019 年）。

本文数据的确定分为三类情况。第一类，数据可通过年鉴、公报等直接获取。第二类，需对数据进行简单计算，如海洋科研成果应用比重＝投入应用的涉海课题数/海洋科研课题数。第三类，数据无法通过年鉴和公报进行直接获取，也无法通过简单计算获得，比如 2017 年和 2018 年的相关数据，对此本文采取了两种方法：第一种，借鉴何广顺等的方法①，海洋发明专利数、海洋 R&D 经费支出、涉海就业人数等指标数据＝浙江省对应总值×（浙江省海洋生产总值/浙江省 GDP）；第二种，以 2017 年海洋科研人员数量这一指标为例，计算出已知各年度海洋科研人员占浙江省科研人员的比例及其平均增（减）幅，进而测算 2017 年的比值，再将该比值与 2017 年浙江省科研人员总数相乘即可得出所需的该年海洋科研人员数量这一数据。

2. 数据处理

一般来说，指标的属性分为三类：第一类是正向指标，第二类是适度指标，第三类是负向指标。正向指标的特征是指标表现得越好所显示的数值便越大，负向指标的特征则是指标表现越好所显示的数值越小，而适度指标的特征是在指标表现好的情况下所显示的

① 何广顺、丁黎黎、宋维玲编著《海洋经济分析评估理论、方法与实践》，海洋出版社，2014，第 115 页。

指标数值既不偏大也不偏小。[①] 在表 1 中，科技水平（A1）、产业状况（A2）、开放程度（A3）和民生福利（A4）下属的指标皆为正向指标，而在生态环境（A5）一栏中工业废水排放总量（B19）、工业废水直排入海量（B20）、工业固体废弃物排放量（B21）、赤潮发生数（B22）四个指标都是负向指标。为处理负向指标，可以采取取倒数的方法，也可以使用如下方法将负向指标正向化，公式为：

$$x' = \max(x) - x \tag{1}$$

此外，本文采用 Z-Score 方法对数据进行无量纲化处理。具体公式为：

$$Z = (x - \bar{x})/s \tag{2}$$

其中，s 为标准差。

如表 2 所示，标准化后的数据有不少负值，无法直接用熵值法

表 2　标准化后的各指标数据（部分）

年份	海洋科研人员数量	海洋科研课题数	海洋发明专利数	海洋科研成果应用比重	海洋生产总值
2008	-1.996210	-1.354810	-1.113720	-1.363790	-1.552220
2009	-0.931750	-0.179470	-1.010790	-0.504920	-1.119390
2010	-0.976230	-1.285220	-0.954640	-0.562170	-1.023650
2011	-0.283530	-0.921790	-0.851710	-1.277910	-0.427330
2012	-0.026150	-0.504240	-0.206020	1.327357	-0.178910
2013	-0.026150	-0.504240	-0.206020	1.327357	0.008831
2014	0.669722	0.462319	-0.131160	1.155582	0.117583
2015	1.031958	0.663363	0.598748	0.754772	0.467729
2016	0.431408	1.158240	0.767187	-0.676690	0.819267
2017	0.742805	1.441248	1.221039	0.039040	1.425446
2018	1.364136	1.024594	1.887083	-0.218620	1.462644

① 陈玮莹：《江西电网 Z 供电分公司综合绩效评价研究》，硕士学位论文，东华理工大学，2019，第 20 页。

进行处理，需要选取所有指标数据中的最小值进行非负平移，具体公式为：

$$x' = | x_{\min} | + 0.01 \tag{3}$$

对不同指标在不同年份的贡献度（P_{ij}），采用公式（4）进行计算，其中 i（$1 \leqslant i \leqslant 11$）表示年份，$j$（$1 \leqslant j \leqslant 24$）表示指标数。

$$P_{ij} = \frac{x'_{ij}}{\sum_{i=1}^{m} X'_{ij}} \tag{4}$$

最后，采用公式（5）、公式（6）、公式（7）分别计算不同指标对应的熵值（e_j）、差异系数（d_{ij}）及综合得分（F_i）。

$$e_j = -\frac{1}{\ln m}\sum_{i=1}^{m} P_{ij}\ln P_{ij} \tag{5}$$

$$d_{ij} = 1 - e_j \tag{6}$$

$$F_i = \sum_{j=1}^{n} W_j x'_{ij} \tag{7}$$

其中，w_j 为指标 x'_{ij}的权重。

三　结果与分析

从表 3 中可以看到，二级指标的权重排序由大到小依次为生态环境（A5）、科技水平（A1）、民生福利（A4）、产业状况（A2）和开放程度（A3）。生态环境对浙江省海洋经济发展质量的影响最大，这与习近平总书记所提倡的“绿水青山就是金山银山”的发展理念完全贴合。此外，中国的主要矛盾已经不再是人民日益增长的物质文化需要同落后的社会生产的矛盾，而是人民日益增长的美好生活需要和不平衡不充分的发展之间的矛盾，这也预示着生态环境的重要性日益凸显。另外，在这五个维度中，产业状况和开放程度的权重分别为 0.1821、0.1525，对浙江省海洋经济高质量发展的影响最小。

在三级指标中，海洋产业对地区经济贡献率（B7）、海洋科研人员数量（*B*1）、海洋捕捞量（*B*17）、工业废水排放总量（*B*19）、沿海港口货物吞吐量（*B*10）对浙江省海洋经济高质量发展的影响最大。海洋产业对地区经济贡献率（*B*7）涉及区域海洋经济的规模，海洋科研人员数量（*B*1）则涉及地方的海洋科研水平和创新能力，海洋捕捞量（*B*17）涉及沿海居民所享受的海产品的丰富程度，

表 3　浙江省海洋经济高质量发展各级指标权重

一级指标	二级指标	权重	三级指标	权重
浙江省海洋经济高质量发展	科技水平（*A*1）	0.2169	海洋科研人员数量（*B*1）	0.0529
			海洋科研课题数（*B*2）	0.0458
			海洋发明专利数（*B*3）	0.0427
			海洋科研成果应用比重（*B*4）	0.0451
			海洋 R&D 经费支出（*B*5）	0.0304
	产业状况（*A*2）	0.1821	海洋生产总值（*B*6）	0.0332
			海洋产业对地区经济贡献率（*B*7）	0.0648
			主要海洋产业增加值（*B*8）	0.0398
			第三产业占海洋生产总值比重（*B*9）	0.0443
	开放程度（*A*3）	0.1525	沿海港口货物吞吐量（*B*10）	0.0463
			海洋旅客运输量（*B*11）	0.0412
			沿海港口国际标准集装箱吞吐量（*B*12）	0.0310
			接待入境游客数（*B*13）	0.0340
	民生福利（*A*4）	0.2033	涉海就业人数（*B*14）	0.0375
			涉海就业人数占地区就业人数比重（*B*15）	0.0347
			沿海居民人均可支配收入（*B*16）	0.0449
			海洋捕捞量（*B*17）	0.0490
			沿海城市星级饭店数（*B*18）	0.0372
	生态环境（*A*5）	0.2452	工业废水排放总量（*B*19）	0.0483
			工业废水直排入海量（*B*20）	0.0430
			工业固体废弃物排放量（*B*21）	0.0346
			赤潮发生数（*B*22）	0.0407
			海洋保护区面积（*B*23）	0.0424
			近海岸水质达标率（*B*24）	0.0362

工业废水排放总量（*B*19）涉及海洋环境的质量，沿海港口货物吞吐量（*B*10）则显示着地区的开放程度和开放能力。而工业固体废弃物排放量（*B*21）、接待入境游客数（*B*13）、海洋生产总值（*B*6）、沿海港口国际标准集装箱吞吐量（*B*12）、海洋 R&D 经费支出（*B*5）这五个指标对于浙江省海洋经济高质量发展的影响最小。

浙江省海洋经济高质量发展指标各年度得分如表 4 所示。其中，2008 年综合得分为 0.797875，2018 年综合得分为 3.300955，表明 11 年间浙江省海洋经济质量总体趋势向好。但是 2010 年综合得分出现了一个低值，表层原因为当年海洋第三产业占海洋生产总值的比重、海洋旅客运输量、涉海就业人数占地区就业人数比重、海洋捕捞量等指标较低，深层原因可能是受到后金融危机的影响。另外，这 11 年间，科技水平（*A*1）的增幅最大，约为 0.477015，这意味着浙江省海洋经济的创新能力出现了大幅提高；产业状况（*A*2）的增幅约为 0.318822，说明浙江省海洋经济发展的基础实力在增强，海洋经济的规模在扩大，结构也在不断优化；开放程度（*A*3）的增幅约为 0.237315，表明浙江省落实“引进来、走出去”

表 4　浙江省海洋经济高质量发展指标各年度得分

年份	科技水平（*A*1）	产业状况（*A*2）	开放程度（*A*3）	民生福利（*A*4）	生态环境（*A*5）	综合得分
2008	0.220423	0.258122	0.352930	0.388421	0.878814	0.797875
2009	0.373824	0.392728	0.302869	0.408764	0.683403	1.773459
2010	0.320875	0.321192	0.245093	0.325871	0.681455	1.400685
2011	0.346569	0.359305	0.281298	0.386424	0.522340	1.771075
2012	0.524656	0.405377	0.299271	0.440015	0.480447	2.263554
2013	0.524625	0.398160	0.264045	0.504349	0.525390	2.256081
2014	0.601470	0.406698	0.344712	0.519425	0.393562	2.797627
2015	0.643800	0.487764	0.382073	0.516295	0.401193	3.053548
2016	0.576925	0.518234	0.399893	0.539668	0.698185	2.817315
2017	0.753333	0.666579	0.463576	0.717397	0.526310	3.330846
2018	0.697438	0.576944	0.590245	0.487186	0.521401	3.300955

的政策取得了良好效果；民生福利（A4）和生态环境（A5）的综合得分没有明显增加且不太稳定，特别是生态环境（A5）的得分还呈下降趋势，这说明目前浙江省海洋经济的发展给社会民生带来的福利并不多，且人—海系统的发展状况不平衡，海洋生态环境与海洋经济发展并没有呈现协调性。

四　结论和政策建议

本文以五大发展理念为基础对海洋经济高质量发展进行了诠释，基于此构建了浙江省海洋经济高质量发展的指标体系，采用熵值法对科技水平、产业状况、开放程度、民生福利、生态环境五类指标进行了分析，按照程度由大到小的顺序，得出决定浙江省海洋经济高质量发展的因素依次为生态环境、科技水平、民生福利、产业状况和开放程度的结论，并就 2008～2018 年这 11 年间浙江省海洋经济发展质量的变化情况进行了分析。

据此，针对浙江省海洋经济发展质量的提升，本文提出如下建议。

第一，在生态环境方面，陆海统筹，加强海洋生态环境治理。同时，各涉海活动主体要牢固树立绿色发展理念，积极实施自上而下的强制手段约束不同主体，并与自下而上的诱导式手段相结合，以更好地提高涉海部门与企业保护海洋生态环境的积极性。[①] 此外，注重媒体、公众等在海洋生态环境治理方面的作用，促使其积极参与海洋生态环境保护、修复等活动，进一步保障海洋资源环境的可持续开发利用。

第二，在民生福利方面，大力扶持中小型涉海企业、海洋服务业的发展，从而增大涉海就业人员的比重，并积极为沿海地区贫困人口提供就业机会。同时，注重海洋灾害预警机制的完善和灾害发

---

① 韩增林、李博等：《“海洋经济高质量发展”笔谈》，《中国海洋大学学报》（社会科学版）2019 年第 5 期。

生后的及时修复与恢复工作，以使经济损失降到最小，从而稳定渔民和其他涉海人员的收入水平。

第三，在科技水平方面，目前浙江省海洋科研成果应用比重大多在20%以下，存在一定的海洋研究与实际应用脱节的情况。针对这一问题，在继续加大对海洋科研经费投入的同时，要大力奖励对社会价值高的科技成果，支持产学研结合，并进一步重视企业在海洋技术创新体系中的主体作用。

第四，在产业状况方面，有选择地淘汰落后海洋产业，做好产业整合，加大对优势企业的培育力度，提高海产品加工水平，并提高海产品的附加值。这些应是今后浙江省海洋产业发展的关键举措。同时，对于海洋战略性新兴产业，目前浙江省在海洋旅游业、海洋矿业和制造业与工程产业已取得了一些成果，但是在海水利用、海洋能源等产业上还需进一步发展。

第五，在开放程度方面，浙江省位于长江“黄金水道”入海口，正处于“T”字形经济带上，易于汇集国内外的资源。基于此，建立跨境投融资机制、引进国外资金支持浙江省自由贸易区和其他重大项目的建设可以让浙江省的海洋经济更具有国际竞争力。

Research on the High-Quality Development of Marine Economy in Zhejiang Province

He Yixiong, Zhao Wei

(College of Economics & Management, Zhejiang Ocean University, Zhoushan, Zhejiang, 316022, P. R. China)

Abstract: The high-quality development of marine economy in Zhejiang province is not only of great significance to the economic development of Zhejiang province, but also has an important impact on the whole country. Based on the five development concepts, this paper defines the high-quality development of marine economy, establishes the indicator system of high-quality development of marine economy in Zhejiang province, and analyzes the changes of the quality of marine economic development in Zhejiang province in the 11 years of 2008 -2018 by using the entropy method. The conclusion is that the factors that determine the quality of marine economic development are the ecological environment, the level of science and technology, and the people's livelihood welfare, industrial status and openness. Therefore, the countermeasures and suggestions for the high-quality development of marine economy in Zhejiang province are put forward. The research results can provide intellectual support for the high-quality development of marine economy in Zhejiang province and provide reference for future research.

Keywords: Marine Economy; Ocean Strong Province; People's Livelihood Welfare; Five Development Concepts; Entropy Method

（责任编辑：孙吉亭）

世界主要海洋国家海洋经济发展态势及对中国海洋经济发展的思考*

周乐萍**

摘　要　在全球经济疲软乏力的情况下，海洋经济整体增速大于全球经济增速，从而成为世界主要海洋国家的新的增长点。近年来，世界各国纷纷制定新的海洋发展策略，对海洋经济发展进行新的布局。本文选择了美国、英国、日本、澳大利亚等具有不同特征的传统海洋强国，分析其海洋经济发展状况、海洋发展战略动态等，了解全球海洋经济发展态势，分析世界海洋经济发展趋势。基于此，对中国海洋经济发展中海洋经济规划、海洋科技发展、海洋绿色发展、海洋经济环境、海洋民众意识等几个方面进行了思考，希望为中国海洋经济发展提供参考和建议。

关键词　海洋经济　海洋产业　世界海洋经济　船舶制造业　传统海洋国家

---

* 本文为山东省软科学“世界海洋经济发展动态对山东省现代海洋产业发展的启示”（项目编号：2019RKC23008）中间成果。

** 周乐萍（1985～），博士，山东社会科学院山东省海洋经济文化研究院助理研究员，主要研究领域为海洋经济。

海洋蕴藏的丰富资源成为海洋经济发展的重要基础，也是人类未来福祉和经济繁荣的依托所在。近年来，海洋经济的价值和战略意义逐渐被世界各国重视，海洋经济成为世界经济发展的蓝色引擎，得到国际社会的普遍认同。2018 年，全球海洋经济总产值已超过 2 万亿美元，预计到 2030 年还将增加 2 倍，年均增速将达到 3.45%，就业拉动水平也将高于世界经济整体水平。[①] 在此背景下，世界主要海洋国家纷纷制定相应措施来应对海洋经济发展面临的诸多挑战。

一　主要海洋国家海洋经济发展态势

（一）美国

1. 美国海洋经济发展情况

对于美国来说，海洋经济是美国经济重要且具有弹性的组成部分，主要集中在依赖海洋和五大湖的六大海洋产业。美国海洋资源丰富，是世界上利用开发海洋资源最早、开发程度最高的国家。尤其是近年来，美国海洋经济发展整体呈现波动上升趋势，国民经济贡献和就业贡献突出。因此，海洋经济成为美国国民经济的重要组成部分，并不断得到更多关注与支持。2018 年，美国海洋经济（包括商品和服务）对美国 GDP 的贡献约为 3730 亿美元，海洋生产总值同比增长 5.8%，高于美国 GDP 5.4% 的增速。美国依托海洋经济的企业提供的就业岗位达到 230 万个。海洋经济成为就业、创新和经济增长的主要驱动力，为加速美国经济复苏奠定了基础。[②]

---

① OECD, The Ocean Economy in 2030, https://read.oecd-ilibrary.org/economics/the-ocean-economy-in-2030_9789264251724－en，最后访问日期：2020 年 8 月 23 日。

② Maritime Reporter Magazine and Marine News Magazine, US' Marine Economy Growth Outpacing the Nation's, https://www.marinelink.com/news/us-marine-economy-growth-outpacing－479031，最后访问日期：2020 年 8 月 23 日。

总体来看，美国六大海洋产业的经济贡献（即 GDP 占比）和就业贡献各有不同（见图 1）。2016 年，从美国海洋产业的就业贡献和 GDP 占比情况来看，滨海旅游娱乐业作为服务密集型产业，就业贡献和经济贡献都居于六大海洋产业首位。自 2015 年起，美国滨海旅游娱乐业就成为美国海洋经济的第一大支柱产业。相比经济贡献，服务密集型产业的就业贡献更为突出。2016 年，美国滨海旅游娱乐业贡献产值达到 1240 亿美元，占海洋产业总产值的 41%；滨海旅游娱乐业为 240 万人提供就业岗位，占海洋产业就业人数的 73%。海洋矿业是美国第二大支柱产业，作为资本密集型产业，其就业贡献仅为 4%，但是经济贡献达到 26%。2016 年，美国海洋矿业产值达到 800 亿美元，其中油气勘探与生产占比达到 97.7%。相比 2015 年，受国际油价大幅度下跌（约下跌 20%）的影响，2016 年美国海洋矿业的产值与就业人数分别下降了 17.6% 和 15.9%。可见，美国海洋油气业对全球油气市场波动极为敏感。海洋交通运输业虽然就业贡献和经济贡献不及其他两个支柱产业突出，但也是美国海洋经济的重要组成部分。2016 年，美国海洋交通运输业产值达到 643 亿美元，就业人数达到 46.7 万人，经济贡献和就业贡献分别为 21% 和 14%。但是港口进出口货物的价值达到 5 万亿美元，占美

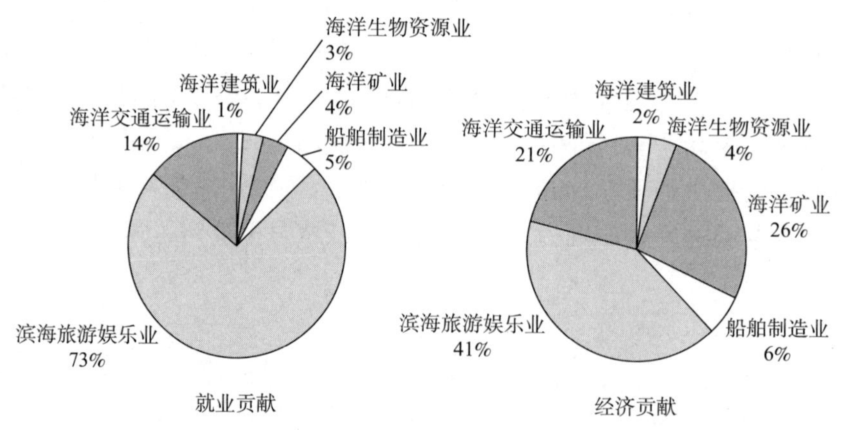

图 1　2016 年美国海洋产业的就业贡献与经济贡献

资料来源：NOAA Report on the U. S. Ocean and Great Lakes Economy。

国对外贸易额的40%，其重量占对外贸易总重量的69%。[①] 其中加利福尼亚州附近的港口表现最为突出，约21.5%的就业率和25.1%的产值都由此产生。2016年，美国的船舶制造业的就业人数和产值分别维持在15.8万人和175亿美元，其在经济衰退期呈现大幅下降趋势。

2. 美国海洋发展战略态势

美国1986年率先制定了“全球海洋科学规划”，提出要开发利用好海洋资源。进入21世纪后，美国加快了对海洋开发和科技发展的步伐。[②] 自2004年起，美国相继发布了《21世纪海洋蓝图》《美国海洋行动计划》等，为美国海洋发展奠定了经济发展与环境保护相协调的基调。21世纪以来，随着海洋科技的进步，美国加大了对海洋资源的开发力度，但在促进海洋经济发展的同时，也出现了较为严重的海洋环境问题。因此，奥巴马政府在墨西哥湾漏油事件之后，于2010年颁布了《美国国家海洋政策：关于海洋、海岸带和五大湖管理的总统行政令》，开启了为期8年的海洋保护政策时代。但是，从2017年起，特朗普政府实施了截然不同的政策，开始大幅度地开展开发利用水域资源的活动，扩大海洋石油与天然气生产。2018年6月，特朗普政府颁布了《关于促进美国经济、安全与环境利益的海洋政策行政令》，强调海洋发展的经济效益与就业带动作用，实施以开发利用海洋资源、为经济利益服务为主的新政策。可以说，自特朗普上台之后，美国在海洋政策上发生了方向性转变，海洋油气业的表现最为突出。2018年9月，美国能源信息署（EIA）发布报告称，美国石油产量20年来首次超过俄罗斯，成为全球最大的原油生产国，日均原油产量近1207万桶，预计2025年将实现液化原油制品产量达到日均2400万桶的水平。[③] 同时，美国也加大了

---

① 邢文秀、刘大海、朱玉雯、刘宇：《美国海洋经济发展现状、产业分布与趋势判断》，《中国国土资源经济》2019年第8期。

② 高峰、王金平、汤天波：《世界主要海洋国家海洋发展战略分析》，《世界科技研究与发展》2009年第5期。

③ 樊志菁：《报告：新一代能源霸主！美国2025年油气产量或将超沙特俄罗斯总和》，https://www.yicai.com/news/100107884.html，最后访问日期：2020年8月23日。

对海水养殖的投入，据 2019 财年美国国家海洋和大气管理局（NOAA）总统预算，NOAA 将在国家海洋渔业水产养殖计划中投入 932.1 万美元，提高海水养殖管理部门监管效率，并鼓励可持续的海水养殖实践。① 可见，美国从以保护海洋环境为主限制海洋资源开发，开始向积极的海洋资源开发方向转变，并采取了一系列保障措施。

（二）英国

1. 英国海洋经济发展情况

英国是大西洋沿岸的岛国，曾经是海上霸主和“日不落帝国”，其发展海洋经济既具有资源优势，又具有悠久的历史和经济发展基础。英国海洋经济规模是全欧盟最大的，占国民经济的 1.7% 左右。2017 年，英国海洋产业增加值达到 361.11 亿欧元，提供就业岗位 51.61 万个。英国将海洋产业分为成熟产业（Established Sector）和新兴产业（New Sector），其中滨海旅游业、海洋生物业、海洋油气业、海洋港口业、船舶制造业、海洋交通运输业等成熟产业发展平稳，近年来更是出现稳步上升趋势。② 自 2008 年起，英国开始不断布局海洋新能源产业，目前英国的海洋风电能源产业稳居世界能源产业第一位，并保持平稳发展态势。

在英国海洋成熟产业方面，从英国海洋经济发展来看，英国海洋油气业、滨海旅游业和海洋港口业是最为重要的海洋产业部门。2009 ~ 2015 年，英国的整个海洋产业大多保持稳定增长状态，之后各产业出现了一定程度的下降（见图 2）；但是海洋产业的就业人数却在 2015 年之后出现了爬升现象，2017 年到达就业人数最高点

---

① National Oceanic and Atmospheric Administration（NOAA），FY2019 NOAA Congressional Justification, http://www.corporateservices.noaa.gov/，最后访问日期：2020 年 8 月 23 日。

② K. Johnson, G. Dalton, *Building Industries at Sea: Blue Growth and the New Maritime Economy*（Delft: River Publishers, 2018）.

(见图3)。从海洋产业增加值来看，英国的海洋油气业居首位，占比在47%以上，2015年之后有所下降，占比在35%左右，但依然居海洋产业首位。英国的海洋油气业是其重要的支柱产业，2018年，海洋油气业为政府缴纳税收约45.85亿美元。滨海旅游业在经济贡献和就业贡献方面都具有优势，滨海旅游业的产业增加值占比

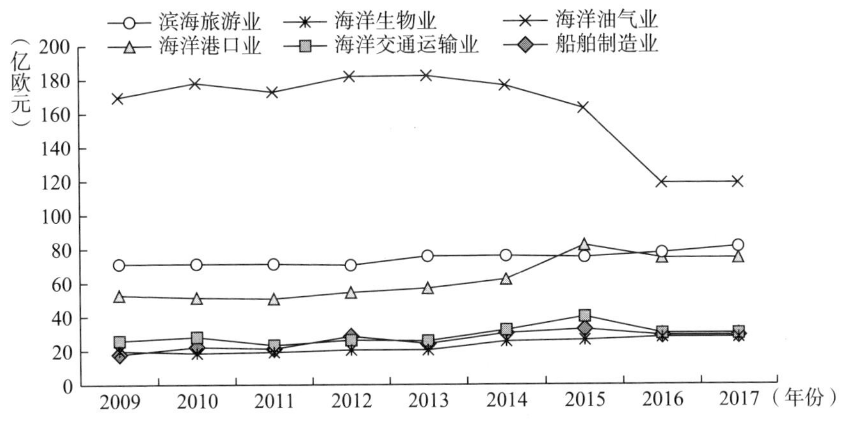

图2　2009～2017年英国海洋成熟产业增加值情况

资料来源：The EU Blue Economy Report 2019，https://www.researchgate.net/publication/333867149_The_EU_Blue_Economy_Report_2019，最后访问日期：2020年9月10日。

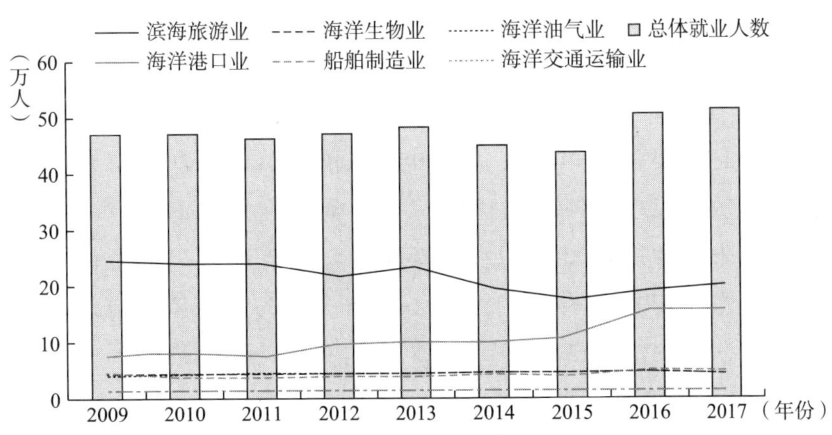

图3　2009～2017年英国海洋成熟产业就业人数情况

资料来源：The EU Blue Economy Report 2019，https://www.researchgate.net/publication/333867149_The_EU_Blue_Economy_Report_2019，最后访问日期：2020年9月10日。

在 20% 以上；就业贡献在 50% 以上，2014 年有所下降，但 2015 年后又有所爬升，就业贡献约为 40%。海洋港口业在英国海洋经济发展中具有不可替代的作用。近年来，英国海洋港口业成为拉动经济增长及提升就业率的重要支柱产业。海洋港口业经济贡献由 2009 年的 14.6% 提升到 2017 年的 20.7%，就业人数增加了 8.22 万人。2018 年，英国港口集装箱吞吐量达到 1169.5 万 TEU，上海港同年的集装箱吞吐量为 4201 万 TEU。[①] 但是，英国发达的海事服务业为其成为国际航运枢纽中心奠定了基础，全球超过 90% 的海事业务在伦敦处理，与国际航运相关的保险、仲裁、咨询等业务逐步兴起，使英国成为全球海上交通运输的重要节点。

在英国海洋新兴产业方面，自 2008 年起，英国开始在海洋可再生能源领域逐步布局，之后海洋风电产业迅速发展起来。2009 年以来，英国海洋风电总装机容量一直居于世界首位。2018 年，英国新增装机容量为 1312MW，总装机容量达到 8183MW，占全球的 34.41%，占欧洲的 44.23%。[②] 英国海洋风电产业竞争力极强，近十年的发展已占据全球产业链的领先地位。英国政府及地方政府积极地支持海洋新能源产业的发展，提供大量研发资金满足用海需求，推动产业化发展等，在培育新兴产业的同时促进经济发展的低碳化。

2. 英国海洋发展战略态势

英国是重要的海洋国家。2000 年以前，英国海洋经济政策的制定比较分散，以单一产业或区域为主，集中在海洋渔业、海洋油气勘查和开采方面。2000 年以后，英国海洋经济政策以综合性海洋经济政策为主。2009 年发布的《英国海洋法》为其整体海洋经济、海洋研究和保护提供了法律保障。随后十年间，英国制定了一系列的

---

① CECI，英国集装箱港口吞吐量，https://www.ceicdata.com/zh-hans/indicator/united-kingdom/container-port-throughput/amp，最后访问日期：2020 年 8 月 23 日。

② Global Wind Energy Council (GWEC), Global Wind Report 2018, https://gwec.net/global-wind-report-2018/，最后访问日期：2020 年 8 月 21 日。

海洋政策，确立了“全球英国”的海洋战略目标。2010 年 2 月，英国政府发布了《英国海洋科学战略 2010—2025》，确立了以海洋科技为核心的海洋发展战略。2010 年 3 月英国颁布的《海洋能源行动计划 2010》对海洋可再生能源进行了科学布局。2011 年英国出台的《英国海洋产业增长战略》，推动了海洋装备产业、海洋商贸产业、海洋休闲产业和海洋可再生能源产业的大力发展。2013 年英国发布的《海上风电产业战略——产业和政府行动》，为海上风电产业发展奠定了基础。总体来看，英国形成了以海洋科技为核心、以海洋保护为主题的海洋经济发展政策，尤其是在海洋新能源产业方面的布局有所侧重，并通过海洋新能源产业发展推动整个经济发展模式向低碳化发展。之后，英国相继发布了《全球海洋技术趋势 2030》和《大科学装置战略路线图》，分别从全球、区域及重点领域对英国未来的海洋科技发展进行了布局。2019 年 2 月，英国政府发布《海事 2050 战略》，强调英国全球海洋枢纽地位，在未来 30 年里保持全球航运业领导者地位。可见英国对于海洋港口业发展的重视。总体来看，英国一直以国际视野来定位海洋发展战略，以实现“全球英国”海洋战略目标，侧重于以海洋科技推动新兴海洋产业的发展、以全球海洋事务合作推动航运业发展的海洋经济发展战略。

（三）日本

1. 日本海洋经济发展情况

日本是一个海洋岛国，陆地资源匮乏，将海洋作为其命脉。日本推行“海洋立国”战略，尤其重视海洋经济与腹地经济产业的互联互动，形成“以大型港口为依托、以海洋经济为先导、腹地与海洋共同发展”的布局，其造船技术全球领先。① 日本经济对外依赖度极高，全国 90% 以上的进出口货物依赖于海洋运输，超过 40% 的

---

① 姚朋：《世界海洋经济竞争激烈》，中国社会科学网，http://ex.cssn.cn/skjj/skjj_jjgl/skjj_xmcg/201612/t20161209_3307412_1.shtml，最后访问日期：2020 年 8 月 27 日。

生物蛋白依赖于海洋水产品，海洋经济总产值占国民经济总产值的 50%左右。目前，日本已经形成以海洋渔业、海洋造船业、滨海旅游业和海洋运输业为支撑的海洋产业结构，这些传统产业产值占日本海洋经济产值的近 70%。近年来，日本采取更加积极的海洋发展战略积极地推动传统海洋产业的集聚与升级，同时加强对海洋新兴产业的扶持，积极向深远海资源开发布局。

在海洋传统产业方面，日本不断加大扶持力度，促进产业集聚与升级。日本作为岛国，内陆面积狭窄，但拥有 3.5 万公里的海岸线，以及 447 万平方公里的海洋专属经济区，渔港和海港达 3914 个。[①] 因此，海洋渔业在日本国民经济中占有重要位置，是海洋经济重要的支柱产业之一。2015 年，日本渔业产值达到 129.91 亿美元，占全球份额的 2.1%，其中水产养殖业产值达到 45.37 亿美元。从图 4 中可以看出，日本的水产养殖产量起伏不大，维持在 125 万吨左右，2010 年后呈现大幅度减少然后小幅度增加的趋势，2018 年维持在 103.3 万吨。但是因为国际海洋水产品价格的变动，水产养殖业产值在 2008 年后出现了大幅度上升现象，虽然日本的水产养殖总产量有一定幅度的减少，但是水产养殖业产值呈大幅度上升趋势，2018 年水产养殖业产值达到 52.85 亿美元。在全球海洋渔业资源逐步匮乏的情况下，日本的渔获量也呈现逐年减少的趋势，2018 年日本渔获量为 341.53 万吨，相较 2000 年的 502.15 万吨减少了 32%。日本政府为支持渔业发展，2016 年对渔业部门拨款达到 19 亿美元，资助管理资源和基础设施，自 2015 年起制订了 7 个渔业养殖计划以促进渔业养殖和生物资源恢复。[②]

海洋运输业也是日本的命脉产业之一，是维持日本经济发展的重要支柱。2018 年，日本进出口总额达到 1.486 万亿美元，占全球

① 殷克东、高金田、方胜民编著《中国海洋经济发展报告（2015～2018）》，社会科学文献出版社，2018。

② OECD Review of Fisheries: Country Statistics 2015, https://www.oecd-ilibrary.org/agriculture-and-food/，最后访问日期：2020 年 8 月 27 日。

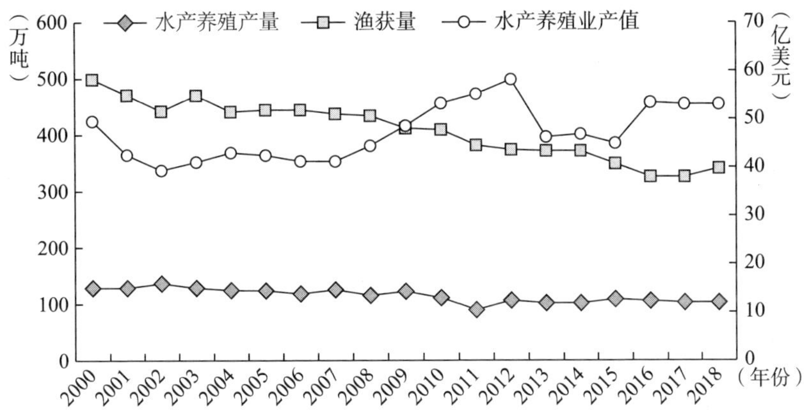

图 4　2000～2018 年日本海洋渔业情况

注：左坐标为水产养殖产量、渔获量，右坐标为水产养殖业产值。
资料来源：OECD Data。

贸易总额的 3.8%，居世界第四位。从图 5 中可以看出，日本的海上运输量和集装箱吞吐量都维持在较高水平。总体来说，海上运输量呈现下降趋势，2018 年海上运输量比 2000 年减少了 25%。但是集装箱吞吐量出现了爬升现象，2018 年集装箱吞吐量达到历年最高值为 2243.38 万标准箱，近 20 年增长了 47%。日本五大主要港口——东京、横滨、名古屋、大阪和神户的集装箱合计吞吐量占总吞吐量的 75.7%。日本自 20 世纪 60 年代发展海洋经济以来就极为重视海洋港口的发展，同时依托港口发展临港工业、临港服务业等，促进产业集聚发展，形成了世界上著名的湾区——东京湾区。

日本的滨海旅游业与海洋造船业也各有优势。2017 年，日本滨海旅游业的产值占日本 GDP 的 2% 左右；就业人数达到 650 万人左右，占总就业人数的 9.6%。2018 年，入境旅游人数达到 3100 万人，国际游客收入达到 424 亿美元。因此，日本政府对旅游业的发展极为重视，2019 年日本旅游局拿出 6.7 亿美元的预算，用于改善旅游环境，提高旅游吸引力。在船舶制造方面，日本船舶订单量一直处于世界前三位。日本在船舶制造方面具有一定的技术优势，尽管世界船舶市场形势严峻，但日本的船舶工业依然在海洋经济发展

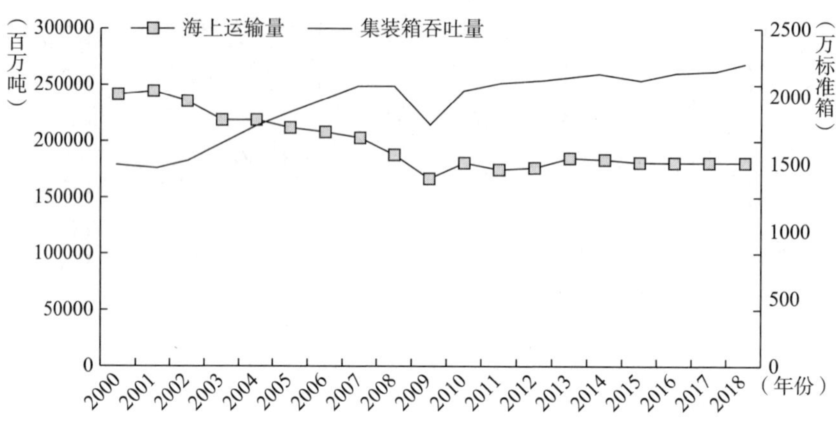

图 5　2000 ~ 2018 年日本海上运输情况

注：左坐标为海上运输量，右坐标为集装箱吞吐量。

资料来源：United Nations Conference on Trade and Development，http://www.ceicdata.com/，最后访问日期：2020 年 12 月 12 日。

中占有重要位置。在国际船舶制造市场上，中日韩三国竞争激烈，尤其是受新冠肺炎疫情影响，船舶制造市场进一步遇冷，日本手持订单量持续下滑。2020 年初，日本船企手持订单量跌破 1700 万 GT，为 1998 年以来的最低值。因此，日本造船企业更注重核心技术的突破与储备，向高端船型建造领域转型，力争迅速抢占新型船舶市场。

在海洋新兴产业方面，日本在谋求传统产业转型升级的同时，加大了对新兴产业的培育与扶持力度，海洋信息产业和海洋新能源、海洋生物资源等开发及关联产业逐步成为海洋新兴产业发展的主要内容。日本积极推动海洋调查等工程的实施，从而推动海洋信息产业、海洋勘探业、海洋可再生能源产业、海洋生物医药业等新兴产业的快速发展。日本实施积极的矿产资源开发政策，也加快了日本对于深远海资源开发的步伐，在推动海洋科技深层次发展的同时，促进了深远海勘探、深远海开发等相关新兴产业的兴起。

2. 日本海洋发展战略态势

2005 年，日本发布了《海洋与日本：21 世纪海洋政策建议》，确定了以“海洋立国”的目标。2007 年，日本颁布了《海洋基本法》，确立了建设“海洋国家”的战略目标，并制定了五年期《海洋基本计划》来保障战略目标的实现。第一期、第二期《海洋基本计划》都遵循了海洋开发利用与海洋环境保护的“可持续发展”海洋战略，强调了海洋经济发展与海洋科技投入。在确立以“海洋立国”的目标之后，海洋经济发展成为日本经济发展的核心环节。日本政府为了推动海洋产业发展，推出了一系列产业规划，为日本海洋经济发展提供政策指导。在《海洋开发推进计划》和《海洋科技发展计划》推出后，日本基本上确立了以海洋科技推动产业发展、以产业集聚推动海洋经济发展的模式。根据《海洋基本计划（2013—2017）》，培育海洋经济被定义为日本新的经济增长点。2018 年 5 月，日本发布的第三期《海洋基本计划》保持了海洋经济发展的核心内容，并在计划中详细布局了海洋产业发展的内容，相比以往更加强调加大海洋资源开发与利用力度、促进海洋经济发展。2019 年，日本发布新一期《海洋能源矿物资源开发计划》，针对天然气水合物、石油与天然气、海底矿产资源的开发制定了具体目标，今后 5 年将是日本政府推动周边海域海洋资源开发与利用的重要阶段，未来日本将向海洋资源的商业化开发方向迈进。

（四）澳大利亚

1. 澳大利亚海洋经济发展情况

澳大利亚是传统的海洋经济强国，海洋经济在国民经济中占有主导地位，其中滨海旅游业和海洋油气业是支柱性产业。澳大利亚国内市场狭小，海洋经济发展不得不依赖于国际市场，形成了具有典型“外向型”特征的海洋经济。作为海洋经济主导产业的海洋油气业受国际油气价格浮动影响较大，澳大利亚的天然气产能虽然占据世界第一的位置，但是海洋油气业受国际油气价格影响以及出口份额影响，油气业产值无法保持持续的增长。作为海洋经济主导产业的滨海旅游业的国际入境旅游所占份额为 1/3，受国际政策影响较大，尤其是受新冠肺炎疫情影响，滨海旅游业产值直线下降，旅游业失业率攀上高位。

澳大利亚是一个“资源出口型”国家，油气和天然气等能源产业在国民经济中占有重要地位，能源产业产值能够占到国民经济的8%以上。① 在石油出口方面，澳大利亚作为高度市场化的国家，石油出口额与国际油价密切相关，波动较大。2020 年第一季度，澳大利亚石油出口额仅为 24.6 亿美元，受新冠肺炎疫情以及国际油价大幅度下跌的影响，澳大利亚的石油出口额呈现直线下降趋势。澳大利亚石油出口的目的地集中于亚洲国家，并呈现由东南亚向中国转移的趋势。

在液化天然气方面，澳大利亚一直在扩大产能，不断增加出口产量，但是受国际油价的影响，液化天然气出口额并没有实现大幅增加。2019 年，澳大利亚液化天然气产能容量达到 8800 万吨/年，出口量达到 7700 万吨，出口营收额达到 490 亿美元。日本、中国和韩国是其主要的液化天然气出口国（见表 1），并签有长期的合同。但近年来，日本的市场份额呈现逐年大幅度下降的趋势，对中国的出口额则逐年增加。预计到 2020 年底，澳大利亚液化天然气出口量将小幅升至 8000 万吨，出口额预估达到 470 亿美元，尤其是受液化天然气价格疲软的影响，将进一步抵消高出口量的营收。预计 2021 年，澳大利亚液化天然气出口营收将大幅回落 26%，仅为 350 亿美元。②

表 1　澳大利亚液化天然气主要出口国及地区的出口额及市场份额

单位：万美元，%

国家或地区	2016 年		2017 年		2018 年		2019 年	
	出口额	占比	出口额	占比	出口额	占比	出口额	占比
日本	10532	63.54	11312	50.71	14512	46.95	21210	42.65

① 全说能源：《澳大利亚正在成为世界最大的液化天然气出口国》，2019 年 8 月 28 日，https://baijiahao.baidu.com/s?id=1643078066290775399&wfr=spider&for=pc，最后访问日期：2020 年 8 月 21 日。

② Department of Industry, Innovation and Science. Resources and Energy Quarterly June 2020, https://publications.industry.gov.au/publications/resourcesandenergyquarterlydecember2019/documents/Resources-and-Energy-Quarterly-December-2020.pdf，最后访问日期：2020 年 8 月 20 日。

续表

国家或地区	2016 年		2017 年		2018 年		2019 年	
	出口额	占比	出口额	占比	出口额	占比	出口额	占比
中国大陆	2939	17.73	5704	25.57	9560	30.93	17482	35.16
新加坡	1679	10.13	2555	11.45	3687	11.93	5307	10.67
中国台湾	160	0.97	254	1.14	747	2.42	2343	4.71
印度	504	3.04	615	2.76	842	2.72	862	1.73
其他	762	4.60	1868	8.37	1559	5.04	2523	5.07
合计	16576	100.00	22308	100.00	30907	100.00	49727	100.00

资料来源：澳大利亚工业、创新和科技部：《资源和能源季报》，2020 年 6 月。

澳大利亚的滨海旅游业的经济贡献和就业贡献有目共睹，滨海旅游业占比达到 45%，就业人数占比达到 62%，经济贡献和就业贡献居海洋产业首位。[①] 据统计，澳大利亚入境游客人数居前几位的国家主要集中在亚洲地区，如中国、日本、韩国、新加坡、印度等，其中北美和新西兰也居重要位置。从统计来看，每年冬季是中国游客的爆发期，中国成为澳大利亚旅游最大客源国。中国旅客占赴澳大利亚旅游的海外游客的 1/3，每年为其经济贡献约 87.95 亿美元。受新冠肺炎疫情影响，澳大利亚游客数急速减少。据统计，2020 年上半年，赴澳大利亚游客数量同比骤降 54%，中国游客同比骤降 70%。预计 2020 ~ 2021 年，澳大利亚旅游业收入将损失 393.3 亿美元（约合人民币 2750 亿元）。[②]

2. 澳大利亚海洋发展战略态势

澳大利亚于 1996 年与日本开始建立磋商关系，并逐步和日本、印度、美国及东南亚各国构建“泛亚洲”地区，日本一度成为澳大

① AIMS Index of Marine Industry, https://www.aims.gov.au/aims-index-of-marine-industry，最后访问日期：2020 年 7 月 30 日。

② Australian Bureau of Statistics, https://www.abs.gov.au/，最后访问日期：2020 年 8 月 4 日。

利亚最大的贸易伙伴。澳大利亚将国际关系转向“融入亚洲”之后，与正在崛起的中国逐步建立贸易伙伴关系。2008 年以来，中澳的经贸联系更为紧密，中国已经成为澳大利亚第一贸易伙伴、第一出口目的地和第一进口来源地。① 澳大利亚通过海洋科技发展的优势，逐步制定海洋事务准则，通过海洋事务与对外援助提升国际地位与国际影响力。② 在海洋产业发展方面，澳大利亚遵循可持续发展原则。澳大利亚于 1997 年制定实施了《海洋产业发展战略》，提出了海洋产业的可持续发展要以保护海洋环境为前提。2015 年，澳大利亚海洋科学研究所（AIMS）发布了《澳大利亚海洋科学研究所 2015 ~2025 年战略规划》，其核心内容是加强对亚热带海洋资源的研究、拓展海洋资源利用空间、支持海洋生态系统的有效管理、提高在区域蓝色经济中的影响力。③ 它不仅推动了对本国海洋油气资源、渔业资源的开发与利用，也强调了对深海、南极等区域的海洋资源的开发与利用。在海洋环境保护方面，澳大利亚建立了健全完善的生态环境保护体系。自 20 世纪 60 年代起，澳大利亚逐步建立了联邦、州、市三级法律法规，仅联邦政府就出台了《环境保护和生物多样性保持法》《濒危物种保护法》《大堡礁海洋公园法》等 50 多部与环境保护相关的法律，地方层面更是发布了上百部文件。依据社会民众利益诉求，澳大利亚不断完善法律法规以及建立有效的管理机构，并设置“环保警察”。④

① 《中国是澳大利亚最大贸易伙伴、第一大出口市场》，人民网，http://world.people.com.cn/n1/2019/0111/c1002 - 30517652.html，最后访问日期：2020 年 9 月 4 日。

② 卓振伟：《澳大利亚与环印度洋联盟的制度变迁》，《太平洋学报》2018 年第 12 期。

③ 游锡火：《澳大利亚海洋产业发展战略及对中国的启示》，《未来与发展》2020 年第 4 期。

④ 张亚峰、史会剑等：《澳大利亚生态环境保护的经验与启示》，《环境与可持续发展》2018 年第 5 期。

二　世界海洋经济发展趋势分析

世界银行、国际货币基金组织预测，未来全球经济疲软乏力和资本市场动荡的现象将长期存在，预计未来 5 ~ 10 年内全球经济增长率将在 3% 左右徘徊。近两年，受到新冠肺炎疫情影响，经济增长率更是出现了负增长，尤其是发达经济体增长率更低。[①] 在全球经济低速增长的背景下，海洋经济的整体增速高于全球经济增速，因此诸多国家将海洋经济视为新的增长点。海洋经济活动的增加使海洋产业竞争更加激烈，同时引发诸多海洋环境等问题，尤其是近年来国际形势更加复杂，全球一体化和逆全球化发展博弈不断，海洋经济的发展也出现了诸多新的趋势。

（一）重视传统海洋产业领先地位的巩固与发展

从世界主要海洋国家的海洋经济发展来看，海洋渔业、海洋运输业、滨海旅游业和海洋油气业是海洋经济发展的支柱性产业，在国民经济中的经济贡献和就业贡献居于重要位置。因此，各国在发展海洋经济时，对传统海洋产业极为重视，并大力投入资金与制定扶持政策，以保持传统海洋产业在世界的领先地位。以澳大利亚为例，虽然它是典型的“外向型”海洋经济，但为了确保其在世界海洋油气业发展中的地位，它不断加大对国内海洋油气业的大型项目投入，尤其是将澳大利亚天然气产能推到了世界首位。在海洋运输领域，传统的海洋国家极为重视海洋枢纽中心地位的保持与领先。以英国为例，海洋港口业的就业贡献居欧盟首位，经济贡献也在其国民经济中占有重要位置，因此英国在《海事 2050 战略》中进一步明确了英国在全球航运枢纽中的领先位置，并依托港口进一步推动现代服务业的发展。在海洋渔业方面，因为近年来海水产品价格

① 林香红：《面向 2030：全球海洋经济发展的影响因素、趋势及对策建议》，《太平洋学报》2020 年第 1 期。

上涨，海洋渔业被诸多国家设定为新兴产业。海洋渔业是日本国民获得生物蛋白的重要来源，因此在新的海洋法中，日本不断加大政策和资金支持力度，并推行积极的海洋生物资源开发策略，推动海洋渔业进一步发展。

整体来看，世界主要海洋国家对传统海洋产业发展极为重视，并不断加大扶持力度和政策倾斜，并且采取积极的海洋资源开发政策，在推动传统海洋产业发展的同时，不断巩固传统海洋产业的世界领先地位，保持海洋产业在国际中的竞争力。

（二）以核心技术抢占海洋新兴产业市场份额

随着海洋环境问题的凸显以及国际环境的复杂多变，尤其是油气市场价格的起伏不定，世界主要海洋国家开始积极布局海洋可再生能源产业的发展。自 2008 年开始，海洋可再生能源产业得到世界主要海洋国家的扶持，它们在其中投入大量的科技研发力量。在近十年的发展中，该产业得到了快速发展，并取得了一定的成果。以海洋风电产业为例，英国的海洋风电产业占有全球近六成的市场份额，在国际海洋风电市场中竞争力稳居前列。随着海洋风电产业的发展，海洋风电的价格也逐步降低，从而使海洋风电产业成为海洋可再生能源产业中发展前景较好的产业。澳大利亚也在积极地发展海洋风电产业，德国在海洋风电产业的高端技术市场也具有领先地位。海洋生物产业也得到积极的发展，并被视为解决全球性问题的关键，海洋生物具有庞大的开发潜力。澳大利亚基于前期的海洋生物研究成果，在该方面具有一定的优势；欧盟的海洋生物产业更是成为增速最快的海洋新兴产业。在海洋工程装备产业方面，美国和欧洲不断完善研发和设计的核心环节；新加坡和韩国不断加强制造环节的竞争力，形成了“欧美设计、亚洲制造”的总体格局。① 虽然受国际市场疲软的影响，近年来出现了海洋工程装备市场产能降

---

① 高瞻智讯：《海洋装备制造影响全球海洋发展格局》，http://www.sohu.com/a/321317089_120146940，最后访问日期：2020 年 8 月 30 日。

低的情况，但从长期来看，虽然国际油气价格有太多不确定性，但化石能源的不可再生性必定会不断推动海洋油气资源的开发以及进一步发展。

整体来看，在海洋新兴产业方面，世界各国积极布局相关海洋科技的研发与投入，以掌握海洋科技核心产业来争取海洋新兴产业的国际核心竞争力，抢占海洋新兴产业在国际市场中的份额，从而获得经济利益和国际利益。

（三）以科技创新发展与转化催生海洋新兴产业

由于全球经济增长乏力，海洋经济成为世界主要海洋国家经济的新的增长点，科学技术成为海洋经济发展的活力。新的知识和越来越多的技术逐渐渗透到各个海洋产业部门，这些产业部门采用这些新知识和技术，引发新一轮的创新。在接下来的几十年中，一系列即将实现的技术有望在科学研究和生态系统分析、航运、能源产业、渔业和旅游业等领域得到运用，并提高其效率和生产力。例如，在船舶制造业中，无人驾驶技术的研发与应用使无人驾驶船舶成为近年来船舶市场的一大发展趋势。海洋信息技术的研发与应用，扩大了信息与通信技术、大数据分析、自主系统、生物技术、纳米技术等在海洋领域的应用，从而催生出一系列新兴海洋产业，并使其不断得到发展。再比如，随着深远海勘探技术的发展，水下机器人、传感器等相关产业迅速融合，快速推动了相关科技的进步与发展，同时技术研发与创新也进一步推动了海洋科技的国际合作，为海洋经济发展带来更多的利益相关者。海洋科技创新与发展逐步改变了海洋经济活动的生产方式、商业模式、贸易模式等，海洋新兴产业逐步凸显，并开始向成熟的海洋产业方向快速发展，从而使海洋产业体系变得更加丰富。

整体来看，科技创新与发展将引起海洋生产活动方式的改变，对整个海洋经济发展模式具有巨大的冲击力，工作条件、劳动力需求、资金技术需求等要素也出现较大的变化。技术创新与融合将为现有的生产方式带来颠覆性变化，催生新兴海洋产业，从而推动海洋新兴产业的发展，为海洋产业体系注入新的内容。

（四）坚持绿色发展主题，促进经济可持续发展

海洋资源枯竭和环境问题引起了全球民众的担忧，因此世界各国开始重视海洋经济发展的可持续性。2015 年，《变革我们的世界：2030 年可持续发展议程》将海洋和海洋资源的可持续发展列入了联合国发展目标，之后“蓝色经济”概念开始不断在海洋发展领域获得认同。例如，美国的特朗普虽然对奥巴马的海洋发展战略做了较多调整，但是依然强调海洋经济的绿色发展，强调解决海洋环境问题。澳大利亚更是在海洋环境保护方面走在世界前列，在海洋经济绿色发展方面具有先进的技术和丰富的经验，并以海洋经济的绿色发展作为其发挥国际影响力的重要抓手，不断巩固绿色发展在世界发展中的地位。欧盟也在 2014 年提出了“蓝色增长”战略，尤其是在波罗的海等海洋发展中，其在解决海洋环境问题、积极推进海洋环境治理方面具有成熟的治理体系和丰富的治理经验。从全球来看，世界银行于 2017 年发布了《蓝色经济的潜力》，提出了蓝色经济分类框架；经合组织（OECD）发布了《海洋经济 2030》。它们都将海洋经济可持续发展放在了重要位置。海洋经济绿色发展已经成为世界海洋发展战略的共识，并成为世界海洋经济发展的重要议题与主题。海洋环境问题具有全球性，将深刻影响未来海洋经济发展趋势和全球海洋经济发展格局。因此，坚持绿色发展主题、促进海洋经济可持续发展，是世界各国出于国家利益和发展需求的考量，是适应现阶段海洋经济发展的全球性策略。

整体来看，海洋环境问题具有全球性，与海洋经济发展更是一脉相承。人类与日俱增的对海洋的需求和全球科学技术的进步共同促进了各国海洋经济的快速发展，但是人类的经济活动也对海洋环境造成了全球性的影响。选择绿色发展为主题，是世界各国海洋发展战略的必然选择，是全球海洋经济发展各利益主体达成的共识。

三 中国海洋经济发展的几个思考

（一）加强顶层规划设计，明确海洋经济发展地位

在全球范围内，海洋经济各领域发展是相互影响的，海洋经济发展具有共同性，各领域成员应充分认识到全球市场的机遇与挑战，分析具体的国情与产业信息，做出科学的判断与决策。明确海洋经济发展的地位，有利于增强国民的海洋意识，提升海洋经济发展的影响力以及海洋经济发展在区域经济中的根本利益。通过科学的研判，加强产业发展的规划与设计，将不断促进海洋经济发展过程中相关利益主体的协同与共识。增强海洋经济发展政策的科学性、合理性和有序性，引导海洋产业发展，将有利于提升海洋产业的竞争力，也有利于推动海洋经济可持续发展。

（二）以科技创新为核心，推动海洋产业优化升级

通过分析近年来世界主要海洋国家的发展战略，可以得出海洋科技创新一直是推动海洋经济发展的核心内容。美国、欧盟、日本、英国都在海洋经济发展初期就布局了海洋科技计划，并一以贯之。世界各国更是将人工智能、信息技术等与海洋装备产业、海洋船舶制造业紧密联系起来，海洋监测、海洋勘测技术开始走向深远海。中国海洋经济发展也应该加强该方面的布局，以海洋科技创新催生海洋新兴产业，促进大数据、人工智能、信息技术与传统海洋产业的融合与发展，推动中国海洋经济优化升级，助力海洋强国建设。

（三）以绿色发展为引领，推动海洋经济高质量发展

自 2012 年“里约 +20”路线图发布以来，绿色发展意识深入人心，海洋经济可持续发展方式被世界各国普遍认同。2018 年，

美国特朗普政府实施了否定海洋保护的政策，受到了世界各界的批评。世界主要海洋国家依然秉承“可持续发展”的海洋发展战略。党的十八大以来，以习近平同志为核心的党中央提出并深入贯彻创新、协调、绿色、开放、共享的五大发展理念，为中国破解发展难题提供了良好的方向。习近平总书记在十三届全国人大一次会议中强调，海洋是高质量发展战略要地。面对新时代海洋经济发展面临的态势、机遇、问题和挑战，“深水、绿色、安全”的发展新方向成为推动海洋经济高质量发展的重要内容。面对新时代、新要求，坚持贯彻五大发展理念，以绿色发展为统领，推动海洋经济高质量发展，将是中国海洋经济发展的重要方向。

（四）以海洋文化为依托，推动公众海洋意识培养

从近年来世界主要海洋国家实施的海洋发展战略来看，不少国家提升了“海洋安全”在海洋发展中的地位。这一点表现为世界主要海洋国家加强对海洋监察、海洋勘测以及深远海海洋资源开发利用的长期布局并加大支持力度。不管是美国的“海洋自由”、日本的“海洋国家”还是英国的“全球英国”的海洋发展战略，世界各国多将海洋文化与“扩展主义”联系起来。但是，从普通大众角度来讲，海洋文化真正的内涵是“生活与生存”，它是世界各国沿海地区人民为了长期生存下去、为了更好的生活而形成的一种意识态度。海洋文化不应该等同于“扩展主义”，而应该是劳动人民勤劳、坚韧、互助、包容的生活智慧。正确地诠释海洋文化，推动公众海洋意识培养，为海洋经济发展创造更加“安全”的外部环境，将推动海洋经济高质量发展，助力海洋强国建设。

（五）以国际合作为视野，推动海洋经济全面开放

以国际视野来布局海洋发展战略，是世界主要海洋国家最主要的出发点。不同于美国、英国、日本保守的“海洋安全”政策，

中国以国际合作共赢为出发点，未来将进一步推动海洋经济全面开放，为海洋强国建设提供助力。加强国际合作，打造国际国内海上支点，加强海洋产业投资合作和海洋各领域国际合作，建立健全海洋经济对外投资服务保障体系，拓展海洋经济合作发展新空间。推进国内航运港口建设，并以此为依托建立全球海洋中心城市，进一步提升区域对外开放水平，推进航运港口支点建设。支持国际港口间合作，促进大型港航企业通过商业化行为实施国际化发展战略。依托海外港口支点，推动临港海洋产业园区建设，加强与周边国家相关产业的对接，提高投资效率，规避投资风险。

（六）优化海洋经济发展环境，促进国内国际双循环

“十四五”时期，中国海洋经济发展将面临更加复杂的国际环境和更加激烈的国际竞争，同时中国的海洋经济发展战略也必将更加坚定。在此情况下，要分析当前海洋经济发展的形势和面临的机遇与挑战，就要加快形成以国内大循环为主体、国内国际双循环相互促进的新发展格局①，以实现海洋经济的稳定增长以及海洋经济对国民经济高质量发展的引领作用。通过不断优化海洋经济发展环境，打通要素流通环节，立足于国内需求，做好生产、分配、流通、消费各个环节，提升国内大循环效率。推进海洋经济发展的合作与开放，促进海洋产业国内外市场的对接，打造良性海洋产业的供应链生态系统，使国内循环与国际循环相互促进。

---

① 《从长期大势把握当前形势　统筹短期应对和中长期发展》，http://www.gov.cn/xinwen/2020-08/12/content_5534243.htm?_zbs_baidu_bk，最后访问日期：2020年8月30日。

The Development Trend of Marine Economy in the World's Major Marine Countries and Reflections on the Development of China's Marine Economy

Zhou Leping

(Shandong Institute of Marine Economics and Culturology, Shandong Academy of Social Sciences, Qingdao, Shandong, 266071, P. R. China)

Abstract: Under the condition of weak global economy, the overall growth rate of marine economy is higher than that of global economy, thus becoming a new growth point of marine countries in the world. In recent years, countries all over the world have formulated new marine development strategies and made new layout for marine economic development. This paper selects the United States, the United Kingdom, Japan, Australia and other traditional marine powers with different characteristics to analyze their marine economic development status, marine development strategy, etc. , to understand the development trend of global marine economy and analyze the development trend of world marine economy. Based on this, this paper discusses the marine economic planning, marine science and technology development, marine green development, marine economic environment, marine public awareness and other aspects in the development of China's marine economy, hoping to provide reference and suggestions for the development of China's marine economy.

Keywords: Marine Economy; Marine Industry; World Marine Economy; Shipbuilding Industry; Traditional Maritime Countries

（责任编辑：孙吉亭）

海洋生态产品价值实现的内涵与机制研究

魏学文*

摘　要　海洋生态产品是海洋生态系统为满足人类需要而直接或间接提供的物质和服务的各类产出。海洋生态产品可以分为海洋生态物质产品和海洋生态服务产品两大类。海洋生态产品的价值体现在其对人类生产和生活的有用性上，包括产品供给、生态调节、文化服务、系统支持等方面的价值。海洋生态产品的价值实现是践行“两山”理念的重要形式，也是保护海洋生态环境、实现海洋经济绿色发展的重要措施。海洋生态产品价值的实现需要政府发挥主导作用，构建包括理念引领、价值评估、产权确认、政府调控、市场构建、交易支付、制度设计等环节在内的运行机制，需要构建一系列的制度体系。

关键词　海洋生态系统　海洋生态产品　主体功能区划　海洋生物　海岸带

* 魏学文（1969～），男，滨州学院黄河三角洲经济研究中心教授，主要研究领域为海洋经济。

生命起源于海洋。海洋面积占地球表面积的 71.8%，海洋生态系统是地球生物圈中面积最大的生态系统。海洋不仅每年向人类提供丰富的海产食品，而且海洋生态系统在全球物质和气候的大循环中发挥着重要作用。对海洋作用和价值的认知直接决定着海洋开发的广度和深度。2013 年 7 月 30 日，习近平总书记在中共中央政治局第八次集体学习时强调“要进一步关心海洋、认识海洋、经略海洋”。[①] 党的十九大报告中又明确提出，“坚持陆海统筹，加快建设海洋强国”。[②] 2018 年 4 月 12 日，习近平总书记在海南考察时指出：“我国是一个海洋大国，海域面积十分辽阔。一定要向海洋进军，加快建设海洋强国。”[③] 海洋强国建设的一项重要内容是积极推进海洋生态文明建设。中国有长达 1.8 万多千米且绵长曲折的海岸线，有 300 万平方千米的海洋国土，蕴藏着丰富的海洋生态产品。这些海洋生态产品在维护海岸带生态、服务人民生产和生活等方面都发挥着积极作用。如何使这些海洋生态产品的价值得到充分实现，既是海洋生态文明建设的重要内容，也是实现海洋强国目标的重要举措。

一　海洋生态产品及其价值实现的内涵

（一）海洋生态产品的含义及分类

当前中国学术界对于海洋生态产品还没有一个统一的定义。从字面上看，这是生态产品与海洋结合的概念，是生态产品在海洋领

① 《习近平：要进一步关心海洋、认识海洋、经略海洋》，http://www.gov.cn/ldhd/2013-07/31/content_2459009.htm，最后访问日期：2020 年 8 月 20 日。

② 《习近平：决胜全面建成小康社会 夺取新时代中国特色社会主义伟大胜利——在中国共产党第十九次全国代表大会上的报告》，http://www.gov.cn/zhuanti/2017-10/27/content_5234876.htm，最后访问日期：2020 年 8 月 20 日。

③ 《习近平的“蓝色情怀”》，http://www.xinhuanet.com/politics/xxjxs/2020-07/11/c_1126222758.htm，最后访问日期：2020 年 8 月 20 日。

域的细化和体现。为此，首先要理解生态产品的含义。生态产品最初是和“绿色产品”“无公害产品”等概念类似的，一般是指使用生态工艺生产出来的安全可靠、无公害的产品。2010 年以后，“生态产品”被赋予了新的含义。2010 年，《全国主体功能区规划》发布，提出了生态产品这个概念。它把生态产品定义为维系生态安全、保障生态调节功能、提供良好的人居环境的自然要素，包括清新的空气、清洁的水源和宜人的气候等。党的十八大报告进一步指出，要实施重大生态修复工程，提高生态产品的生产能力。2016 年，《国家生态文明试验区（福建）实施方案》提出，要开始生态产品价值实现先行区的试点工作。2019 年，推动长江经济带发展领导小组办公室正式出台《关于支持浙江丽水开展生态产品价值实现机制试点的意见》，这表明在地市级层面开始了生态产品价值实现的专项试点探索。至此，在政策和实践层面，中国对生态产品及其价值实现的认识逐步清晰，“生态产品”这一概念包含更加丰富的内容。因此，可以说目前使用的具有特定意义的“生态产品”概念是由中国政府的政策文件首先提出的，具有鲜明的中国特色。①

从内涵上看，中国政策文件中提出的生态产品概念与国外关注的生态系统服务相近。20 世纪末，国外学者和机构就开始关于生态系统及服务的研究。生态学家 Daily 和 Costanza 把生态系统服务定义为直接或间接增加人类福祉的生态特征、生态功能或生态过程，也就是人类能够从生态系统中获得的收益。这是西方国家目前使用比较普遍的概念。联合国在 2001 ~2005 年组织了“千年生态系统评估项目”，对全球的生态系统状况与服务等内容进行了较为详细的研究，它把生态系统服务界定为人类从自然生态系统中获得的收益。2017 年，Costanza 等人总结了过去 20 多年的学术研究成果，在对生态系统服务和关键指标进行综合对比的基础上，把生态系统服

① 马建堂主编《生态产品价值实现：路径、机制与模式》，中国发展出版社，2019。

务分为供给服务、调节服务、支持服务、文化服务四个方面，每一方面又包括具体的内容。中国对生态产品的研究是从生态系统服务的研究中逐步过渡的。自 2010 年《全国主体功能区规划》出台后，中国有部分学者开始用生态产品的概念来代替生态系统服务概念，有关其内涵、特征、价值实现等方面内容的研究逐步增多。目前，中国学术界关于生态产品内涵的研究一般从狭义和广义两方面展开。狭义的生态产品是指满足人类需要的清新空气、清洁水源、适宜气候等自然物品。广义的生态产品除了包含狭义的生态产品外，还包括通过清洁生产、循环利用、降耗减排等途径生产出来的有机食品、绿色食品、生态工业品等劳动产品。国务院发展研究中心课题组在 2019 年的一项研究中将生态产品定义为：良好的生态系统以可持续的方式提供的满足人类直接物质消费和非物质消费的各类产出。① 这个定义与上述广义上的生态产品类似。只要是生态系统提供的、具有绿色生态特征的产品就属于生态产品。可以说，生态产品的产出是与良好的生态系统密不可分的，良好的生态系统是生态产品产生的自然基础。生态产品是自然给予人类的福利，具有正外部性特征，可以增加人类的财富和社会福利。

在理解生态产品内涵的基础上，本文把海洋生态产品定义为：海洋生态系统为满足人类需要而直接或间接提供的物质和服务的各类产出。依据产品属性的不同，可以把海洋生态产品分为两大类：海洋生态物质产品和海洋生态服务产品。海洋生态物质产品主要指干净的海水、清新的空气、无污染的海洋生物以及从海洋中获取的其他自然物质产品。海洋生态服务产品则包括海洋在生态调节和文化服务方面的产出，前者指海陆气候调节、水体净化、空气净化等方面的服务，后者指海洋休闲旅游、生态系统支持、海洋精神和价值观塑造、海洋生态教育等方面的服务。

① 马建堂主编《生态产品价值实现：路径、机制与模式》，中国发展出版社，2019。

（二）海洋生态产品价值实现的内涵

在海洋生态产品出现之前，学术界的相关研究主要集中在海洋生态资源价值和海洋生态系统服务价值两个方面。关于海洋生态资源价值的研究，有的学者依据现代资源环境经济学的观点，把海洋生态资源的价值分为三部分：现实使用价值（又分为直接使用价值和间接使用价值）、选择价值和存在价值。也有学者认为海洋生态资源不仅具有正价值，也有负价值。正价值是指对人类有益的价值，负价值是指对人类有害的价值。海洋自然灾害被认为是海洋生态资源负价值的重要表现。① 在海洋生态产品价值实现的过程中，不少学者认为应首先实现生态资源向生态资产的转化，然后由生态资产转化为生态资本。关于海洋生态系统服务价值的研究是建立在对海洋生态系统服务功能进行深入分析的基础上的，这方面的研究成果相对丰硕。Costanza 等在 1997 年计算全球生态系统服务价值时得出结论，海洋生态系统提供 12 种服务：气候调节、营养循环、气体调节、栖息地、生物控制、干扰调节、原材料生产、废物处理、食品生产、遗传资源、娱乐和科学文化。② 国内有学者从价值形态上把海洋生态价值分为有形的海洋生态价值和无形的海洋生态价值；也有学者从环境经济学的角度把海洋生态价值分为使用价值与非使用价值两大类，使用价值是指直接使用价值、间接使用价值和选择价值三部分，非使用价值是指遗产价值与存在价值。不少学者从生态系统功能服务的角度，把海洋生态系统服务价值分为海洋供给服务价值、海洋调节服务价值、海洋文化服务价值、海洋支持服务价值。③ 无论是从生态资源的角度还是从生态系统的角度，共性

① 王淼、刘晓洁等：《海洋生态资源价值研究》，《中国海洋大学学报》（社会科学版）2004 年第 6 期。

② R. Costanza, et al., "The Value of the World's Ecosystem Services and Natural Capital," *Nature* 387(1997): 253 – 260.

③ 贾欣等：《海洋生态补偿研究综述》，《农业经济与管理》2012 年第 4 期。

的方面都强调自然生态的价值，价值的本质都体现在对人类生产和生活的有用性上，是指在增加人类福祉方面做出的贡献。

本文认为，海洋生态产品价值是指海洋生态产品对人类的有用性。由于海洋生态产品是基于自然生态的前提而存在的，所以其价值实现是在生态对人类需要的满足中完成的。从价值实现的程度来看，海洋生态产品价值可以分为潜在价值和现实价值。潜在价值是海洋生态产品处于原始状态或是人类还没有开发出来的价值；现实价值则是通过人类的参与使海洋生态产品直接进入生产和生活中，可以通过价格、货币补偿等方式实现的价值。海洋生态产品价值实现就是由潜在价值向现实价值转化的过程。由于海洋生态产品是一种多功能的资产，所以其具有多样化的价值属性。从产品发挥的综合效应来看，可以把海洋生态产品的价值划分为经济价值、生态价值、社会价值、文化价值、教育价值等方面。从这个角度看，海洋生态产品价值实现就是多元价值实现的过程。从海洋生态产品承担的功能来看，可以将海洋生态产品的价值分为产品供给、生态调节、文化服务、系统支持等方面。从这个角度看，海洋生态产品价值实现是海洋生态系统为人类提供持续服务的过程。海洋生态服务产品的价值往往具有溢价的鲜明特征。海洋生态产品不仅实现了自身价值，还会与其他产品结合，展现出较强的溢价功能。海景房、滨海度假村、滨海产业园等项目近年来热度不减，这与海洋生态产品的增值功能有关。图 1 从海洋生态产品承担的功能角度对海洋生态产品的分类及价值进行了列示。

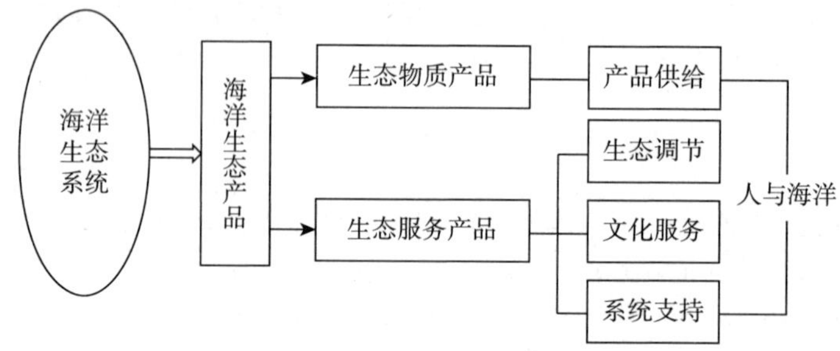

图 1　海洋生态产品分类及价值

二 海洋生态产品价值实现的意义

（一）海洋生态产品价值实现是“两山”理念在海洋领域的具体实践形式

“绿水青山就是金山银山”理念是习近平生态文明思想的重要内容。生态产品价值实现过程是由“绿水青山”向“金山银山”转化的过程。海洋作为地球生物圈中面积最大的生态系统，具有区别于陆域生态系统的典型特征。如海洋系统具有一体性和流动性，海洋生物资源的变化性较强。海洋生态产品具有多样性和复杂性，海洋生态产品的开发利用不仅影响到海洋生态资源的可持续发展，对于人类的生产和生活也会产生重要影响。因此，如何对海洋生态产品进行精准识别，并有序推动海洋生态产品的价值实现，是海洋经济发展的重要内容，更是贯彻“绿水青山就是金山银山”理念的具体实践形式。

（二）有利于科学评估海洋生态价值，合理开发海洋生态资源

海洋是全球气候和水循环的调节中心，对于生物圈的湿度和温度具有持续的调节作用。海洋通过自身的物质循环，每年可以为生物圈提供近40%的初级生产能力。海洋生态资源在海洋资源宝库中占据重要位置。但长期以来，有人受“资源无价论”的影响，对海洋生态资源进行无偿占有和使用，导致一些掠夺式开发和利用，致使海洋生态环境被污染、生态平衡被打破、海洋生物资源逐渐枯竭。要改变这一状况，必须对海洋生态系统服务价值进行客观评估，对生态资源进行资本化利用。海洋生态产品价值实现是基于生态保护的理念对海洋生态资源的高效合理利用，也是对海洋生态资源的保护，有利于海洋生态系统的可持续发展。

（三）有利于加深对海洋生态环境的认识，自觉保护海洋环境

用海洋生态产品代替学术领域经常使用的海洋生态系统服务，可以使人们认识到海洋生态系统对于人类来说不是一种单向的服务关系，不是简单的生产原料和劳动对象，而是一种具有生产和消费关系的产品，可以通过市场交换实现价值转化和补偿。海洋生态产品是良好的海洋生态环境为人类提供的优质产品，可以更好地满足人们对美好生活的需要。要想获得更多、更好的海洋生态产品，必须加大对海洋环境的保护力度，否则海洋生态产品稀缺性的增强可能会提高其价格水平、增加购买者的支出成本。从经济学的角度对海洋生态环境产出进行量化交易，可以使人们感受到生态环境的经济价值，加深人们对海洋生态环境的认识。

（四）有利于激发海洋经济绿色发展新动能，实现海洋经济可持续发展

海洋经济发展必须贯彻五大发展理念，实现海洋经济的绿色转型。海洋生态产品的培育及其价值转化，是推动海洋经济绿色发展的具体形式，也是今后海洋经济发展的重要内容。海洋生态产品作为新的产品形式，可以与其他海洋产品并列，形成更加完善的海洋产品体系。在海洋生态产品价值实现的过程中需要树立海洋经济绿色发展的理念，需要开发运用系统的绿色海洋技术，需要构建绿色产业制度，这些变革都可以为海洋经济发展注入新的活力，实现海洋经济的可持续发展。

三　海洋生态产品价值实现的机制

海洋生态产品价值实现既有一般生态产品价值实现的部分特征，也有其自身特色。海洋生态产品价值实现要符合海洋生态产品具有的整体性、流动性、相容性等特征。海洋生态产品是以海水系

统为生态载体的，而海水具有流动性、相通性的特征，因此从理论上讲整个海水系统是一个连续的整体。海水的运动（海流、海浪、潮汐等）使各海区的水团相互混合和影响。这是与陆地生态系统不同的一个显著特点。另外，海洋在与陆地的循环互动中往往具有包容性强、被动接纳的特征。海洋污染往往是由陆域污染引起的，陆域污染物排放到海洋中，被海洋吸收净化，因此海洋生态系统对于陆地生态系统有着调节、支持的功能。但在海洋生态产品的认知上，存在生产者与消费者在空间和信息上不对称的特征。海洋生态产品的消费者在陆地，但产出地一般在海上，这导致人们对于海洋生态系统的价值及损害缺少及时的认知，缺乏对海洋生态产品价值实现过程的深刻认识。海洋生态产品价值的实现是涉及海洋与陆地、人与自然（海洋）、市场与政府、生产者与消费者等方面关系的系统工程。在价值实现过程中起引领作用的是先进的理念和思想，起基础作用的是制度设计，良好的制度是海洋生态产品价值实现的基本保障。除了理念引领和制度设计外，海洋生态产品价值的实现还包括五个要素环节。其一是价值评估，为价值实现奠定基础；其二是产权确认，明确产权关系；其三是政府调控，上述过程均离不开政府的调控、监督和参与；其四是市场构建，需要建立生态产品市场；其五是交易支付。这七个环节的运行不是单向的，是可以双向循环和促进的。交易支付有利于市场的完善，有利于进一步对价值进行确认；市场构建是政府调控的基础；产权确认为价值评估提供边界和依据；政府调控与多个环节密不可分，在整个生态产品价值实现过程中起着主导作用。海洋生态产品价值实现机制如图 2 所示。

（一）理念引领

海洋生态产品价值实现既要贯彻五大发展理念，又要树立生态海洋意识。“绿水青山就是金山银山”理念是绿色发展理念的重要内容，这一理念为海洋生态产品价值实现提供了方向指引。人们对这一理念内涵和作用的认识在不断深化，它已成为中国大力推进海洋生态文明建设的重要价值理念。这一理念充分揭示了生态保护与

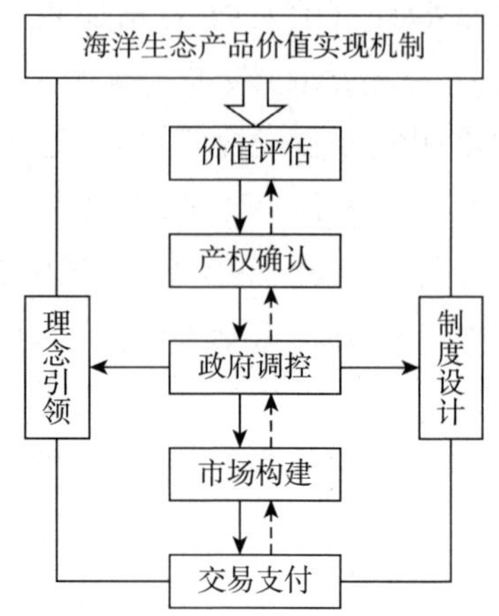

图2　海洋生态产品价值实现机制

经济发展的辩证关系，指出了生态环境本身就蕴含着无穷的经济价值。海洋生态产品价值实现是海洋领域贯彻“绿水青山就是金山银山”理念的重要方式，是保护海洋生态资源、让广阔的海洋造福人类的重要发展模式。当前，中国在海洋领域对“绿水青山就是金山银山”理念的认识还需要深入，对这一理念在海洋经济发展中的运用方式还存在部分模糊认识。为此，在海洋生态产品价值实现中必须全方位贯彻这一理念，把这一理念与海洋生态保护理念、海洋经济可持续发展理念紧密结合起来。实施海洋强国战略，必须树立海洋意识。海洋意识包括海洋生态意识、海洋科技意识、海洋战略意识、海洋环境意识等方面，其中起引领作用的是海洋生态意识。海洋生态意识指的是在海洋发展中注意降低环境风险，避免生态损失，使海洋资源得到持续利用。海洋生态产品价值的实现必须坚守海洋生态资本不减少的底线，实现海洋生态资本的保值增值。

（二）价值评估

海洋生态产品价值实现必须以价值评估为前提。只有对生态产品进行准确的价值评估，才能对生态产品进行定价并顺利实现生态产品的市场交易，才能为生态补偿、生态损害、环境保险等方面活动的开展奠定量化的基础。但是由于海洋生态系统的复杂性和价值的多维性特征，对海洋生态产品价值的货币化评估难以精准计量。学术界在海洋生态系统服务价值评估中提出了直接市场法、替代市场法和模拟市场法等多种方法。在针对单项的海洋生态系统进行评估时，可以使用直接市场法或替代市场法。对于复杂、综合性的海洋生态系统，需要运用多种方法的耦合方式，构建有针对性的海洋生态模型。① 未来对于海洋生态产品价值的评估，需要运用地理信息系统和遥感技术，并结合生态经济学模型来进行。从总体上看，中国关于海洋生态产品价值评估的技术和核算体系还没有完全建立，对于海洋生态产品的价值评估还处于探索阶段。2011 年，中国发布了《海洋生态资本评估技术导则》，这对于海洋生态产品价值的评估可以起到借鉴和指导作用。中国工程院课题组构建了生态资源资产核算指标体系，对福建省的生态资产进行了核算，这可以为海洋生态产品的价值评估提供借鉴的方法和路径。当前，中国对生态产品价值的核算一般采用 GEP（Gross Ecosystem Product）指标，这可以为海洋生态产品价值核算提供方法。此外，对海洋生态产品价值的评估离不开大量基础数据的支撑，必须与智慧海洋、数字海洋等信息化工程相结合；需要确立海洋生态产品或生态资本核算的标准和规范，构建统一规范并能进行动态调整的统计监测核算体系。

（三）产权确认

海洋生态产品价值实现的一个法律前提是产权确认。产权确认是生态资源转化为生态资产进而实现价值的基础。只有明确了产权，生态资源才能转化为生态资产，然后生态资产作为生产经营要素参与生产经营活动，或者是依据产权获得补偿，从而使产权拥有者获得相应的经济收益。中国海洋生态资源具有流动性、跨区域性的特征，海岸带沿线又属于陆海交叉区域，还有不少正在确认的海

① 沈满洪、毛狄：《海洋生态系统服务价值评估研究综述》，《生态学报》2019 年第 6 期。

洋生态资源，这就使有些海洋生态资源的产权难以确认，存在产权不够清晰、权责不够明确、监督不到位的问题，影响了海洋生态产品价值的实现。在生态系统维护中要坚持“谁污染，谁治理”“谁破坏，谁恢复”“谁受益，谁补偿”的原则，明确各自的权责关系。当前，中国的自然资源资产产权制度正在逐步确立，这为海洋生态产品价值实现奠定了基础。为此，要进一步明确海洋生态产品的产权关系，通过法律和政策手段对海洋生态产品的所有权、使用权、占有权、收益权、分配权等各方面的权利关系进行明确，建立规范的海洋生态产品产权确认体系，推动海洋生态产品的价值实现。

（四）政府调控

海洋生态产品价值实现离不开政府的作用。政府在海洋生态产品价值实现过程中起着主导作用，这体现在政府担当的多个角色上。在海洋生态产品的价值实现过程中，政府担当着政策制定者、制度设计者、行动监督者、价值实现的参与者等多种角色。首先，政府要制定海洋生态产品价值实现的政策措施。其次，政府要进行制度设计，为海洋生态产品价值实现提供良好的制度环境；要对海洋生态产品进行产权确认，制定产权保护制度；要开立海洋生态产品权责清单，对海洋生态产品初始产权进行分配；要完善海洋生态产品市场交易规则和相应的行政法律法规，设计合理的运行机制，为海洋生态产品价值实现奠定长期的制度基础。再次，政府在海洋生态产品价值实现中还承担者监督者的角色。一方面，政府对价值实现的过程要进行监督，规范交易双方的行为；另一方面，政府还要对政策和法律的执行情况进行监督，保护生态产权不受侵犯，保证市场的规范和公平，对污染环境和破坏生态的行为进行处罚。最后，政府还是海洋生态产品价值实现的重要参与者。政府既可以是海洋生态产品的供给者，也可以成为消费者。政府是海洋生态产品的最大供给者，因为海洋生态产品往往是海洋生态系统提供的，而政府代表国家，是海洋资源的所有者。政府要保护海洋生态环境，修复海岸带生态系统，为社会提供良好的生态环境这一最公平的生

态产品。此外，政府还是海洋生态产品的购买者，政府通过财政转移支付、生态补偿机制，代表人民购买海洋生态产品。

（五）市场构建

市场构建就是要搭建完善的海洋生态产品市场体系，主要包括两个方面。一是有形海洋生态产品市场的构建。有形的海洋生态产品主要包括在海洋中产出的无污染的海洋动物、植物及系统，如生态海产品、生态淡化水、滨海湿地、沿海生态林、滨海植被等。这类产品可以通过传统的市场体系进行交易，但也需要开发新的市场；可以借助海洋生态标签的形式促进海洋生态产品的溢价，对符合生态标准的海产品进行绿色认证，提高产品的可信度，并借助互联网、广播电视等平台完成这类高附加值海产品的市场交易；可以借鉴国外先进经验开发湿地银行等类似的生态产品，实现其价值。美国政府允许地方政府、社会组织或个人把湿地先储备起来，然后对湿地进行保育、恢复和维护，然后以“存款”的方式出售给对湿地造成损害的开发者，实现湿地的生态价值。[①] 二是无形海洋生态产品市场的构建。这主要指海洋生态系统在提供环境调节、系统支持、文化服务时进行的市场培育和交易活动。政府可以利用滨海优美的环境开发海岸带生态产品，如滨海旅游、海洋垂钓、生态康养、生态文娱等产品，借助地理保护等手段逐步形成品牌效应，通过游客支付门票、餐饮费、住宿费、交通费等形式实现海洋生态产品的价值。当前，在无形海洋生态产品市场培育方面，培育海洋生态资产产权交易市场是今后发展的一个方向和趋势。在明确海洋生态要素产权的基础上，通过建立由许可证、配额或其他产权形式构成的海洋生态资产产权交易市场，包括地区之间、企业之间的碳排放权、水权、排污权交易等形式。比如在碳交易方面，将“蓝碳”纳入全国的碳交易市场。联合国环境规划署、粮农组织、教科文组

---

① 路文海、王晓莉、李潇、刘捷、刘昭阳：《关于提升生态产品价值实现路径的思考》，《海洋经济》2019 年第 6 期。

织和政府间海洋学委员会共同发布的《蓝碳报告》显示，以红树林、盐沼和海草床为代表的海洋生境对碳的储存时间（数千年）远大于森林（数十年或几百年）。中国海岸带蓝碳生境固碳量为 128 万 ~306 万吨/年。[①] 因此，应将海洋“蓝碳”纳入碳交易市场，建立相应的标准化体系，构建“蓝碳”交易机制，减轻或缓解中国碳排放压力，促进以蓝碳增汇工程为核心的海洋生态工程、生态旅游等新型业态的发展。在水权交易方面，可以推进“海水淡化”等项目参与水权交易。要扩大可交易水权的种类和范围，将海水淡化等水源纳入，这是解决水资源短缺的手段，也可以提高海洋淡化企业的收入水平。无形海洋生态产品价值实现的另一个重要形式是海洋生态补偿。要坚持“谁污染，谁治理”“谁破坏，谁恢复”“谁受益，谁补偿”的原则，合理地确定海洋生态补偿的主体和对象，对于在海洋生态维护方面做出贡献的主体进行合理的横向补偿和代际补偿。

（六）交易支付

交易支付是海洋生态产品价值实现的最后环节。一方面要创建交易海洋生态产品的环境和条件。通过建立规章制度，保障海洋生态产品供求主体进入市场的权利和义务，让各主体在市场上顺利完成交易。当前，对于中国海洋生态产品供给主体的认识还不够清晰，政府、企业、个人和社会组织都可以成为市场主体，不同的海洋生态产品依据其产权关系有不同的市场主体，市场主体围绕价值实现构建系统化的供给机制。有些地方对于海洋生态产品的市场交易还存在一些严苛的条件，影响了海洋生态产品的交易。同时对在市场交易中损害市场主体利益的行为及时进行监督，对市场交易机制及时进行完善。另一方面要创新交易支付的手段和形式。总体上看，海洋生态产品交易支付的形式是多样化的，主要包括价格、税收、规费、债券、租金或基金、转移支付、经营利润等。依据交易

① 周晨昊、毛覃愉、徐晓等：《中国海岸带蓝碳生态系统碳汇潜力的初步分析》，《中国科学：生命科学》2016 年第 4 期。

合同和协议，购买者或服务享受者要及时支付资金，严禁拖欠或拖延现象的出现。要充分利用现代化的结算手段，选择合适的交易支付方式，对于应收资金及时收入账户，对于需要拨付的资金及时进行拨付，提高资金的使用效率，推动海洋生态产品价值的高质量实现。

（七）制度设计

海洋生态产品价值实现中起基础作用的是制度设计。制度设计贯穿海洋生态产品价值实现的全过程，在不同的阶段需要不同的制度设计。制度设计的主体是政府；企业和个人是制度设计的参与者，也是制度的遵守者和维护者。从海洋生态产品价值实现的环节上看，相应的制度包括海洋生态产品价值评估与核算制度、海洋生态资源产权制度、海洋资源有偿使用和生态补偿制度、绿色产品信用认证制度、水权和用能权交易制度、碳排放交易制度、排污权交易制度、政府监督和调控制度、绿色金融制度、生态产品交易制度等。这一系列的制度构成了海洋生态产品价值实现的制度体系，为海洋生态产品价值实现提供了坚实的制度保障。

总之，海洋生态产品是海洋为满足人类美好生活需要而提供给人类的优质产品，海洋生态产品具有多样化的价值，加强海洋生态产品价值实现机制的建设意义重大，需要遵循海洋生态产品价值实现的规律，构建相应的制度，积极推动海洋生态产品价值的实现。

Research on the Connotation and Mechanism of Marine Ecological Products Value Realization

Wei Xuewen

(Economic Research Center of Yellow River Delta, Binzhou University, Binzhou, Shandong, 256603, P. R. China)

Abstract: Marine ecological products are various outputs of the materials and the services that provided by marine ecosystem directly or indirectly to meet human needs. Marine ecological products can be divided into two categories: marine ecological material products and marine ecological service products. The value of marine ecological products is reflected in its usefulness to human production and life, including products supply, ecological regulation, cultural services, system support, and the others. The value realization of marine ecological products is an important form to implement the concept of "two mountains", as well as an important measure to protect marine ecological environment and realize the green development of marine economy. The value realization of marine ecological products requires the government to play a leading role and build an operating mechanism including concept guidance, value assessment, property right confirmation, government regulation, market construction, transaction and payment, system design, and other segments, a series of institutional systems also need to be built.

Keywords: Marine Ecosystem; Marine Ecological Products; Main Function Zoning; Marine Creature; Coastal Zone

（责任编辑：孙吉亭）

海洋经济转型升级视角下的海洋灾害风险等级评估体系建设研究

卓向丹*

摘　要：海洋灾害给海洋经济活动和生产生活带来了严重的影响和伤害，并造成了重大损失。海洋灾害在带来伤害和损失的同时，也制约了投资者和大众参与海洋活动的信心，严重制约了海洋经济产业的健康发展和转型升级。目前，海洋灾害预防还存在信息公益服务意识不足、数据与应用之间存在距离、海洋灾害知识科普程度不高、海洋灾害信息平台建设缺失以及海洋灾害预防综合型人才缺乏等问题。本文总结了近十年海洋安全与应急管理经验，根据海洋经济布局和功能规划，以及未来的海洋经济发展趋势，提出建立海洋灾害风险等级评估体系等对策。

关键词：海洋灾害　风险评估　台风　海洋经济　赤潮

福建省地处东南沿海，海域面积13.6万平方公里，海岸线长3752公里，全省共有大小港湾125个，全省有海岛2215个，滩涂广布，近海生物种类3000多种，可作业的渔场面积达12.5万平方

---

* 卓向丹（1970～）女，福建省渔业减灾中心主任，主要研究领域为海洋经济文化、海洋灾害与安全。

公里；海洋矿产资源种类多，已发现 60 多种，其中有工业利用价值的有 20 余种。台湾海峡盆地西部油气蕴藏区域达 1.6 万平方公里，50 米等深线以下的海域风能理论上的蕴藏量超过 1.2 亿千瓦。在海洋强省战略指导下，海洋开发和利用步伐加快，海洋经济已经成为福建省国民经济的重要组成部分。海洋综合实力持续提升，海洋经济产值占 GDP 的比重越来越大。2015 年，福建省海洋生产总值达到 6880 亿元，海水产品总产量达 636.31 万吨，居全国第二位；远洋渔业综合实力居全国首位；水产品出口创汇 55.49 亿美元，位居全国第一；沿海港口货物吞吐量达 5.03 亿吨，集装箱吞吐量达 1363.69 万标箱；完成水路货运量 29370.64 万吨，货物周转量 4308.03 亿吨公里；海洋旅游业旅游总收入达 3141.51 亿元。海洋生物医药、邮轮游艇、海洋工程装备等新兴产业蓬勃发展。

但由于海洋灾害频发，曲折绵长的海岸线和广阔的潮间带，口小腹大的湾区有利于海洋开发利用的同时，也深受海洋灾害的影响。根据《2018 年中国海洋灾害公报》，2018 年海洋灾害造成直接经济损失 11.54 亿元，死亡（含失踪）29 人。2015～2019 年，福建省海洋灾害造成直接经济损失 64.12 亿元，年均 12.82 亿元，死亡（含失踪）29 人（均由海浪灾害引起）。据统计，2013～2019 年，福建省共发生台风风暴潮 65 次，其中超强台风 19 次；发生赤潮 32 次；发生养殖产品死亡事件 5 次，呈逐年增长趋势，给海洋经济带来巨大的损失。

一　海洋灾害风险等级评估体系建设目的和意义

（一）海洋灾害风险等级评估的内涵

风险评估是指在风险事件发生之前或之后（还没有结束），该事件给人们的生活、生命、财产等各个方面造成的影响和损失的可能性进行量化评估的工作。海洋灾害风险等级评估是在系统分析研究对象所处海域海洋灾害危险性的基础上，综合考虑承灾体的空间分布，以及脆弱性、暴露性及防灾能力等，对可能的潜在灾害进行估计的过程，旨在摸清减灾能力底数，掌握海洋减灾现状并给予评估，从而提出海洋监测预警预报能力建设、应急处置与救援能力建设、灾害风险转移能力建设、工程防御能力建设的具体防灾减灾建议与对策。

（二）海洋灾害风险等级评估的区域和对象

海洋灾害风险等级评估的区域包括海岸带、潮间带、近海海域、临海陆域、港区湾区、养殖区、临海社区、临海工业园区、滨海旅游区，评估的对象包括渔船、渔业设施等其他海上设施设备。

（三）海洋灾害风险等级评估体系建设的目的和意义

海洋灾害风险等级评估体系建设是对海洋灾害综合评估进行的信息化、指数化、可视化、平台化管理，并以一张图的形式为社会机构和公众了解海洋、熟悉海洋提供日常咨询服务。建立灾害技术体系和信息化评估体系，做好相应风险评估和预警预报预防，对于帮助社会机构和个人了解海洋、熟悉海洋，满足社会公众多样化信息需求，指导涉海社会公众保障自身安全和海上设施设备财产安全，推动现代海洋服务业大发展，推进海洋资源开发利用向纵深发展，推进海洋经济转型升级具有重大意义。

二　海洋灾害风险等级评估体系建设的必要性和紧迫性

（一）福建省海洋灾害的状况

福建省海洋灾害以风暴潮、赤潮和海浪灾害为主，海水入侵与土壤盐渍化等海洋灾害也会不同程度的发生。海洋灾害带来伤害和损失的同时也阻碍了投资者和大众参与海洋经济的信心，影响了海洋产业的转型升级，制约了海洋经济的健康发展。近年来，福建省海洋灾害情况如表 1、表 2、表 3 所示。

表1　2013～2019年福建省台风统计

单位：次

序号	年份	时间	名称	编号	等级	数量
1	2013	7月10日	苏力	7	超强台风	10
2		7月17日	西马仑	8	热带风暴	
3		8月15日	尤特	11	强台风	
4		8月20日	潭美	12	强热带风暴	
5		8月27日	康妮	15	热带风暴	
6		9月20日	天兔	19	超强台风	
7		10月3日	菲特	23	台风	
8		10月7日	丹娜丝	24	强台风	
9		10月14日	韦帕	26	强台风	
10		10月22日	范斯高	27	强台风	
11	2014	6月15日	海贝思	7	热带风暴	9
12		7月7日	浣熊	8	超强台风	
13		7月22日	麦德姆	10	强台风	
14		7月30日	娜基莉	11	热带风暴	
15		8月7日	夏浪	12	台风	
16		9月14日	海鸥	15	台风	
17		9月20日	凤凰	16	热带风暴	
18		10月9日	黄蜂	19	超强台风	
19		11月13日	鹦鹉	20	台风	
20	2015	5月11日	红霞	6	强台风	9
21		7月3日	莲花	9	热带风暴	
22		7月9日	灿鸿	10	超强台风	
23		7月24日	哈洛拉	12	台风	
24		8月6日	苏迪罗	13	超强台风	
25		8月21日	天鹅	15	强台风	
26		9月27日	杜鹃	21	超强台风	
27		10月2日	彩虹	22	台风	
28		10月10日	彩云	23	台风	
29	2016	7月9日	尼伯特	1	超强台风	10

续表

序号	年份	时间	名称	编号	等级	数量
30	2016	8月2日	妮妲	4	强台风	10
31		8月18日	电母	8	热带风暴	
32		9月13日	马勒卡	16	强台风	
33		9月15日	莫兰蒂	14	超强台风	
34		9月26日	鲇鱼	17	超强台风	
35		10月3日	瞿芭	18	超强台风	
36		10月6日	灿都	7	热带风暴	
37		10月9日	艾利	19	热带低压	
38		10月17日	海马	22	超强台风	
39	2017	6月12日	苗柏	2	强热带风暴	12
40		7月2日	南玛都	3	热带风暴	
41		7月22日	洛克	7	热带风暴	
42		7月28日	纳沙	9	台风	
43		8月23日	天鸽	13	强台风	
44		8月30日	尼格	11	热带低压	
45		9月3日	玛娃	16	强热带风暴	
46		9月6日	古超	17	热带风暴	
47		9月9日	泰利	18	超强台风	
48		10月13日	卡努	20	热带低压	
49		10月16日	兰恩	21	超强台风	
50		10月25日	苏拉	22	热带风暴	
51	2018	6月29日	派比安	7	热带风暴	9
52		7月8日	玛利亚	8	超强台风	
53		7月18日	安比	10	热带风暴	
54		8月11日	摩羯	14	热带风暴	
55		8月25日	TD13		热带低压	
56		9月13日	山竹	22	超强台风	
57		9月21日	潭美	24	超强台风	
58		9月29日	康妮	25	超强台风	
59		10月28日	玉兔	26	超强台风	

续表

序号	年份	时间	名称	编号	等级	数量
60	2019	7 月 17 日	丹娜丝	5	热带风暴	6
61		8 月 6 日	利奇马	9	强热带风暴	
62		8 月 23 日	白鹿	11	强热带风暴	
63		9 月 2 日	玲玲	13	热带风暴	
64		9 月 19 日	塔巴	17	热带风暴	
65		9 月 28 日	米娜	18	热带风暴	

资料来源：2013～2019 年《福建省海洋灾害公报》。

表 2　2015～2019 年福建省渔船海上事故统计

单位：件

年份	事故
2015	81
2016	86
2017	83
2018	132
2019	91

资料来源：2015～2019 年《福建省海洋灾害公报》。

表 3　2013～2019 年福建省海域赤潮统计

序号	年份	时间	行政区	海域
1	2013	5 月 8 日	宁德	三沙湾
2		5 月 8 日	平潭	龙凤头海水浴场
3		5 月 17 日	泉州	惠安小乍、杜厝
4		6 月 20 日	厦门	西海域
5		6 月 20 日	厦门	五缘湾至同安口海域
6	2014	5 月 8 日	平潭	沿海海域
7		5 月 8 日	莆田	南日岛周边海域
8	2015	5 月 26 日	宁德	三沙镇近海海域
9		9 月 10 日	泉州	安海湾内湾、围头湾
10	2016	4 月 5 日	泉州	惠安东岭西浦至湖边附近海域
11		4 月 23 日	莆田	秀屿罗盘屿以东

续表

序号	年份	时间	行政区	海域
12	2016	5 月 3 日	宁德	三沙湾俞山岛至高罗海域
13		5 月 26 日	泉州	惠安崇武石狮永宁红塔湾晋江深沪
14		5 月 28 日	宁德	三沙烽火岛至高罗海域
15	2017	5 月 8 日	平潭	长江澳海域、龙王头海域
16		5 月 11 日	莆田	南日岛乌屿至浮屿
17		6 月 4 日	宁德	三沙镇三澳至东壁以西
18		6 月 4 日	泉州	惠安大乍西沙湾泉港惠屿岛海域
19		6 月 11 日	厦门	厦门海域
20		6 月 11 日	厦门	同安湾后田附近海域
21	2018	5 月 4 日 ~ 6 月 11 日	宁德	三沙湾、西洋岛浮鹰岛以西海域
22		6 月 7 日	福州	连江后湾至同心湾海域
23		6 月 7 日	泉州	石狮东浦渔港附近海域
24		6 月 11 日	漳州	九龙江入海口附近海域
25	2019	4 月 26 日 ~ 5 月 13 日	福州	罗源迹头村至华东船厂附近海域
26		5 月 13 日	福州	连江黄岐北茭、平潭海域
27		5 月 13 日	莆田	湄洲岛以东海域
28		5 月 13 日	泉州	惠安大港湾海域
29		5 月 23 日	宁德	三沙湾海域

资料来源：2013 ~ 2019 年《福建省海洋灾害公报》。

（二）福建省海洋灾害信息化现状和存在问题

近年来，福建省实施海洋防灾减灾“百个渔港建设、千里岸线减灾、万艘渔船应急”的“百千万”工程项目建设，海洋北斗应用工程顺利实施，完成 60 马力以上海洋渔船北斗海事一体化船载终端设备安装和北斗示位仪安装。海洋立体监测网建设进一步完善，正在运行的海洋观测设施设备具备对沿海核电、重点工程和重要航线的保障能力。海洋预警预报能力显著提高，完成 33 个沿海岸段警戒潮位核定工作和 454 条总长 1439.25 公里沿海千亩以上海堤高程实测。海洋灾害风险评估和区划的工作于2019年启动，目前已经完成莆田、宁德海洋灾害风险等级评估和区划，但还存在许多问题。

1. 海洋灾害信息的问题

海洋灾害信息多停留于数字化办公和掌握现状，部门信息公益服务意识不足，数据价值没有得到很好的挖掘和应用。海洋灾害信息多以碎片化、单一数据化形式存在，少有经过汇聚分析整合，具有复合性、针对性、指数化、可视化、可指导、可应用的信息化产品。

2. 数据与应用之间的问题

数据与应用之间存在距离，所获取的数据仅限于掌握数据情况，而对于灾害将带来怎样的后果、灾害是否会蔓延、次生灾害是否会发生、衍生过程应采取何种应对措施等问题未得到明确；涉海人员面对信息不知如何处置才能避免和减少损失，海洋灾害数据离真正防范灾害的发生还差关键的“十公分”。

3. 海洋灾害知识科普的问题

海洋灾害知识科普程度不高，海洋灾害间的关联性、连锁性缺少系统治理建议。公众对海洋洋流（海流）、裂流、风暴潮、潮汐等带来的灾害并不知晓，没有引起人们的重视。不同功能区划的海域在不同产业间出现灾害或污染时，可能产生的连锁反应没有被预估和预防，如溢油等污染引起的养殖疫病的衍生蔓延没有提前预警，对于养殖区域鱼类该下沉还是拖离没有好的建议。

4. 海洋灾害信息平台的问题

没有简便易用的可咨询、有直接指导建议的海洋灾害信息平台。福建省海洋局减灾中心构建的指数化、业务化的受灾风险预判体系，有针对性地将养殖户打造的海洋减灾产品——设施渔业风险预警模型产品投入山东、浙江等地试点使用，经过灾后验证，受灾情况和预判情况几乎一致。

5. 综合型人才缺乏的问题

海洋灾害信息的建设依赖物联网、云计算、大数据及数据挖掘等信息技术，同时需要先进的传感器和核心技术装备等，因此对于能够熟练设计与运用这些技术的人才要求很高，需求量也很大。但是现在人才的缺口较大，亟待培养。

（三）海洋灾害风险等级评估体系建设的必要性、紧迫性

1. 国家政策的需要

2016年，《中共中央　国务院关于推进防灾减灾救灾体制机制改革的意见》提出：强化灾害风险防范，开展以县为单位的海洋灾害风险等级评估，制作发布海洋灾害综合风险指数等公共产品；推动灾害风险防范成果应用。①

2. 信息化社会治理转变的需要

政府治理理念、治理模式发生了巨大变化，机构间的横向联络、沟通协作成为常态，为企业和机构提供信息、共享信息，为社会公众提供多样化、服务化和人性化的信息成为社会的共同期待和需求，成为政府机构的新任务。

3. 海洋经济发展的需要

福建省临海工业园区分布广泛，特别是沿海核电站、大型石化基地、重金属冶炼基地、储油基地众多，海洋灾害风险隐患重重；全国发生过多起临海工业园区、湾区海洋灾害和安全生产事故，造成极大损失，海洋灾害风险等级评估和应对体系建设迫在眉睫。

4. 社会公众参与海洋经济生活的需要

随着科技的进步和生活水平的提高，参与海洋经济活动的不仅仅是第一、第二产业，更多的人开始参与海上垂钓、海上邮轮、海上休闲等项目，而作为基本安全保障的海洋灾害信息的完善和普及尤为重要。海洋灾害风险等级评估体系将预测的承灾体或区域各个阶段将面临的风险直观、指数化、可视化的呈现和公布，让社会公众了解自身所处位置、可能面临的危险、应该采取怎样的应对和防

---

① 《中共中央　国务院关于推进防灾减灾救灾体制机制改革的意见》，http://www.gov.cn/zhengce/2017-01/10/content_5158595.htm，最后访问日期：2020年9月20日。

范措施；让社会公众安全安心地参与和投资海洋经济活动，推动海洋产业蓬勃发展和海洋经济转型升级。

5. 海洋环境特殊性的需要

海洋灾害具有突发性、紧迫性、时变性、关联性、扩展性、复杂性等特点。海上事故是凶险的，海上救助是复杂和艰难的，海上可用的救助资源稀缺。事故发生后，即时高效、灵敏有力、信息共享、协作协同是海上指挥和搜救必须具备的基本要素，所以海洋灾害风险等级评估体系建设是海洋防灾减灾、海上安全应急救助的基本保障。

三　海洋灾害风险等级评估体系的建设目标、思路、原则和内容

（一）建设目标

绘制海上风险等级一张图，实现承灾体实时可评估、可查询、可应用、可关联信息化产品。通过摸清排查区域的基本信息和风险源，利用灾害技术模型和算法，结合动态信息，实时交互比对，获取该区域的实时灾害风险等级，自动生成该灾害风险等级应采取的处置措施，并提供建议，实现灾害信息对生产生活的实际指导和应用价值。

（二）建设思路

从建设海洋强省全局出发，全面统筹涉海信息，以海洋大数据信息为基础，以推动海洋灾害信息资源共享、普及为核心，以省级综合平台建设、子系统建设和基点项目建设为框架，以各基点项目建设为切入点，建立多层次、多元化、点线面结合的海洋灾害信息应用服务体系。通过海洋灾害信息与海洋经济活动的深度融合，实现海洋灾害信息指数化、可视化，助推海洋经济向纵深方向发展，推进海洋产业转型升级。

（三）建设原则

整合现有资源、结合业务需求、兼顾未来发展，按照急用先建、由易及难、试点先行、可复制推广的方式开展海洋灾害风险等级评估体系建设，实现海洋数据资源整合汇集、智能分析、协同处理和对外展示。

（四）建设内容

海洋灾害风险等级评估体系综合平台建设内容包括一个中心、一个支撑、六个子系统、若干技术模型。

1. 一个中心

一个中心即海洋数据中心，主要是依托现有的海洋数据中心和其他部门信息的整合补充；主要是对海洋数据进行统一采集、汇聚、分析、处理、存储、计算、共享，生成海洋灾害风险等级评估相关的专题数据，以便不同应用系统直接调取使用。对于各类专题数据与服务的需求，将通过对外服务接口或扩展接口的形式，为其提供定向的专题数据，供应用系统使用。海洋数据中心包括海洋数据汇交、基础数据库、二维及三维地图数据库、设备资源库和主题数据库等，结合大数据技术，构建数据融合分析系统，对海洋灾害风险等级评估中各类来源的异构数据进行整合交换、海量存储、数据挖掘及便捷利用，为上层的智慧应用提供整体的数据支撑。

2. 一个支撑

一个支撑即一体化支撑分系统，其内容主要包括引擎集、组件集、接口服务和应用服务。它既管理数据，又面向应用提供服务。以现有基础资源环境为支撑，进行数据支撑和服务支撑设计。数据支撑通过对接既有系统中的数据以及各类数据源接入，实现数据互联互通，为服务支撑提供数据服务接口。该系统主要包括引擎集、组件集、工具集以及数据存储、计算、融合处理、可视化管理模块。其中，引擎集包括报表引擎、二维及三维引擎等；组件集包括单点登录服务、统一管理组件、组织模型服务、日志服务等；工具集包括数据抽取、数据导入、风险评估模型等。

3. 六个子系统

六个子系统即海洋灾害风险等级评估体系应用系统，分为“海洋”和“渔业”两个部分，包括渔船风险评估系统、养殖区域风险评估系统、休闲旅游场所风险评估系统、临海临港社区风险评估系统、临海临港工业园区风险评估系统和湾区风险评估系统。

4. 若干技术模型

建立海洋灾害技术模型，主要包括设施渔业灾害技术模型、渔船灾害技术模型、污染漂移技术模型、赤潮蔓延技术模型等。

5. 实施步骤

（1）风险排查和资料收集

对区域内相关信息和风险点进行摸底排查，收集基础数据和资料。

（2）危险有害因素辨别

在摸底排查的基础上辨别危险因素。

（3）事故后果及周边影响评价

在危险源技术参数、脆弱性目标排查及危险源辨别的基础上，运用各种技术模型，预测区域内事故可能发生的后果、事故影响范围、危险源间的相互影响和对周边环境的影响。通过区域事故发生频率和后果分析，将各危险源事故风险进行叠加，获得区域个人安全风险等级分布线和社会风险等级分布线。

（4）建立灾害技术模型（以国家海洋局减灾中心设施渔业灾害技术模型为例）

海洋减灾中心通过物理试验、数值模拟、现场调查，理清了基于底床冲淤、浮体结构耐波脆弱性、围堰边坡稳定性和水弹性等问题的受灾机制，构建水动力强度和承灾体响应破坏的相关性，量化多致灾因子权重和多破坏指标等级，研发了基于响应面拟合、神经网络、回归分析等人工智能计算方法的受灾风险快速计算模型。在设施渔业受灾等级预警系统中，“只要输入浪高、周期、水深、网箱规格参数等数值，后台就会迅速进行破坏分析，估算出破坏等级，并做出具体的现象细化，如浮架断裂、锚绳张力过大、网衣破损等，就像一个简单的计算器，后台虽然复杂，留给用户的界面却很方便”。

（5）动态风险分析（查询窗口）

根据静态信息和动态信息叠加，通过灾害技术模型，获得实时风险等级评价、应对措施和建议。

（6）数据汇聚

汇聚风险点所涉及的各类原始数据、基础数据、零散数据，通过整合、归类、分析，厘清各因素、风险、事故发生概率，为风险等级评估体系建设提供基础数据支撑。

（7）系统平台建设

将各子系统综合为对外咨询平台。

（8）子系统建设（以养殖区域风险等级评估子系统为例）

整合现有的养殖区域情况、海域情况等基础数据，结合天气、污染等动态信息，通过灾害技术模型，对养殖区域和设施的风险进行预警预知，并提出规避风险的处置意见和建议，减少或避免损失和伤害。

四　海洋灾害风险等级评估体系建设的作用分析

（一）推动灾害风险防范成果应用，提升海洋灾害风险防控水平

整合、挖掘海洋数据价值，使分散、零碎的虚拟化数据向直观的、有价值的、可视化数据转变；发挥信息的共享、再生、倍增作用，促进海洋灾害风险等级信息网络化、智能化、社会化，提高海洋灾害预警预报和预防水平，形成社会各界认识海洋、熟悉海洋、参与海洋经济活动的良好氛围，推动海洋经济健康发展。

（二）关口前移，监管网格化、精细化，提高监管效率和水平

海洋灾害风险等级评估体系为海洋渔业部门规范海洋经济行为提供着力点，通过收集和提供风险等级评估信息，督促组织和个人认识风险、预防风险，规范生产行为。海洋灾害风险等级评估体系是防抗台风期间领导决策支持的帮手，是监管精细化的推手，能够推动风险防控工作关口前移、重心下移，形成风险点监管工作制度化、规范化的长效管理机制，杜绝冒险作业、违规作业，降低海洋渔业生产事故发生率。

（三）宣传普及，为社会提供高质量的信息服务

通过海洋灾害风险等级评估，确立清晰明了的风险标志，可以了解不同阶段可能发生的事故类型、影响范围、事故后果以及可接受程度。为社会公众了解海洋、参与海洋活动提供资讯，为机构和组织投资海洋产业提供信心和基础保障，为区域合理规划布局提供依据，为区域应急体系建设提供依据，为海洋产业金融保险服务提供依据和支撑。

（四）助力海洋经济蓬勃发展，推动海洋产业转型升级

海洋灾害风险等级评估体系的构建可以充分整合现有资源，运用数据智能分析，将突破海洋灾害信息应用不足的瓶颈，提升海洋灾害风险防控水平，优化海洋功能规划和布局，推动福建省海洋资源的开发和利用，推动社会资本投资海洋产业，解决海洋经济投入不足的难题，推动海洋产业转型升级，促进海洋经济健康稳步发展。

五　结论和建议

海洋灾害风险等级评估体系建设对于普及海洋知识，为社会机构和个体参与海洋活动、投资海洋产业提供不可替代的基础性保障

服务具有重要意义；对促进海洋产业转型升级，加快海洋建设具有重要意义。为此本文提出以下建议：一是将海洋灾害风险等级评估体系建设纳入智慧海洋建设范畴；二是成立海洋灾害技术研究院，做好海洋灾害信息技术和防灾知识的融合；三是推动社会力量共同参与海洋防灾减灾的研究和信息化建设，采用有偿信息服务方式为涉海产业和个人提供定制服务。

Study on the Construction of Marine Disaster Risk Rating System from the Perspective of Marine Economic Transformation and Upgrading

Zhuo Xiangdan

(Fujian fishery Disaster Reduction Center, Fuzhou, Fujian, 350000, P. R. China)

Abstract: Marine disasters have brought serious impact and harm to marine economic activities and production and life, and caused heavy losses. Marine disasters not only bring damages and losses, but also restrict the confidence of investors and the public to participate in the activity of marine economy and seriously restrict the healthy development, transformation and upgrading of marine economy industry. At present, there are still some problems in marine disaster prevention, such as insufficient awareness of information of public service, difference between data and application, low level of popularization of marine disaster knowledge, lack of construction of marine disaster information platform and lack of training and application of comprehensive talents for marine disaster prevention. This paper summarizes the experience of marine safety and emergency management in the past ten years, and puts forward some countermeasures such as establishing marine disaster risk rating system according to the layout and function planning of marine economy and the development trend of marine economy in the future.

Keywords: Marine Disaster; Risk Assessment; Typhoon; Marine Economy; Red Tide

（责任编辑：谭晓岚）

《中国海洋经济》征稿启事

《中国海洋经济》是由山东社会科学院主办的学术集刊，主要刊载海洋人文社会科学领域中与海洋经济、海洋文化产业紧密相关的最新研究论文、文献综述、书评等，每年的 4 月、10 月由社会科学文献出版社出版。

欢迎高校、科研机构的学者，政府部门、企事业单位的相关工作人员，以及对海洋经济感兴趣的人员赐稿。来稿要求：

1. 文章思想健康、主题明确、立论新颖、论述清晰、体例规范、富有创新。文章字数为 1.0 万 ~1.5 万字。中文摘要为 240 ~260 字，关键词为 5 个，正文标题序号一般按照从大到小四级写作，即："一""（一）""1.""（1）"。注释用脚注方式放在页下，参考文献用脚注方式放在页下，用带圈的阿拉伯数字表示序号。参考文献详细体例请阅社会科学文献出版社《作者手册》2014 年版，电子文本请在 www. ssap. com. cn "作者服务" 栏目下载。

2. 作者请分别提供"基金项目"（可空缺）和"作者简介"。"作者简介"按姓名、出生年月、性别、工作单位、行政和专业技术职务、主要研究领域顺序写作；多位作者合作完成的，请提供多位作者简介；并附英文题目、英文作者姓名、英文单位名称、英文摘要和关键词；请另附通信地址、联系电话、电子邮箱等。

3. 提倡严谨治学，保证论文主要观点和内容的独创性。对他人研究成果的引用务必标明出处，并附参考文献；图、表等注明数据来源，不能存在侵犯他人著作权等知识产权的行为。论文查重比例不得超过 10%。

来稿本着文责自负的原则，由抄袭等原因引发的知识产权纠纷作者将负全责，编辑部保留追究作者责任的权利。作者请勿一稿多投。

4. 来稿应采用规范的学术语言，避免使用陈旧、文件式和口语化的表述。

5. 本集刊持有对稿件的删改权，不同意删改的请附声明。本集刊所发表的所有文章都将被中国知网等收录，如不同意，请在来稿时说明。因人力有限，恕不退稿。自收稿之日 2 个月内未收到用稿通知的，作者可自行处理。

6. 本集刊采用匿名审稿制。

7. 来稿请提供电子版。本集刊收稿邮箱：1603983001@ qq. com。本集刊地址：山东省青岛市市南区金湖路 8 号《中国海洋经济》编辑部。邮编：266071。电话：0532 - 85821565。

《中国海洋经济》编辑部

2019 年 10 月

图书在版编目(CIP)数据

中国海洋经济. 第10辑 / 孙吉亭主编. -- 北京 : 社会科学文献出版社, 2021.4

ISBN 978-7-5201-7881-5

Ⅰ. ①中… Ⅱ. ①孙… Ⅲ. ①海洋经济-经济发展-研究-中国 Ⅳ. ①P74

中国版本图书馆CIP数据核字（2021）第026346号

中国海洋经济（第10辑）

主 编 / 孙吉亭

出 版 人 / 王利民
组稿编辑 / 宋月华
责任编辑 / 韩莹莹
文稿编辑 / 陈丽丽

出 版 / 社会科学文献出版社 · 人文分社（010）59367215
地址: 北京市北三环中路甲29号院华龙大厦 邮编: 100029
网址: www.ssap.com.cn
发 行 / 市场营销中心（010）59367081 59367083
印 装 / 三河市龙林印务有限公司

规 格 / 开 本: 787mm×1092mm 1/16
印 张: 12.75 字 数: 180千字
版 次 / 2021年4月第1版 2021年4月第1次印刷
书 号 / ISBN 978-7-5201-7881-5
定 价 / 98.00元